KB206459

숲에서 IB 교육으로

일러두기

1. 책에 나오는 유치원의 유아들은 연령별로 봄 학년(3세), 여름 학년(4세), 가을 학년(5세)으로 부릅니다. 이는 계절을 뜻하는 말이 아니라, 유아들이 유치원에서 보낸 햇수에 따른 학년 이름입니다.
2. 책에 나오는 모든 유아의 이름은 가명입니다.
3. 책에 나오는 유아의 나이는 2024년 시행된 만 나이 통일법에 따랐습니다.

세계를 누릴 아이들을 위한 숲유치원 이야기

숲에서 IB 교육으로

임은정 지음

교육 이야기를 시작할 때의 마음

2013 학년에 제가 유치원을 만들겠다고 하자, 지도 교수님과 동료 교수들, 저보다 유치원 운영 경험이 많은 대학원의 제자들까지 절대로 하지 말라며 유치원 건축 현장까지 찾아와서 극구 말렸습니다. 그 이유는 여러 가지였고 모두 타당했습니다.

전공자가, 특히 교육학 교수가 이론대로 운영해서 사업에 성공한 사례를 본 적이 없다는 점뿐만 아니라, 무엇보다 저는 현실과 타협하지 않을 성격이니 더 문제라고 했습니다. 게다가 교육비가 많이 들고 대중이 하지 않는 '숲 교육'에 공감하여 자녀를 입학시킬 학부모가 282명의 인가 인원을 채울 정도로 많지 않을 것이라고 했습니다. 지금은 정년 퇴임하신 제 지도 교수님은 독일의 숲유치원을 대한민국에 알린 1세대 주자이며 현재도 '숲 교육학회'를 운영하고 계십니다. 그런 분까지도 제 계획을 말리시니 점점 생각이 많아졌습니다.

유아 교육은 신생 학문입니다. 철학, 인문학, 수학과 같이 인류의 역사와 함께 발전해 온 학문과 달리 유아 교육의 역사는 100년 남 짓으로, 그나마 자연 과학의 발전에 힘입어 비약적으로 연구된 것은 30년 정도입니다. 그렇다 보니 쏟아지는 연구들에서 선행 연구의 오 류를 정정하는 일도 속출하고 있습니다.

그런데 대한민국에서는 장사치는 장사에 유리한 일부만, 국가는 공무원과 표심 잡기에 유리한 일부만, 원장들은 운영과 성과에 유리 한 일부만, 교사들은 편익을 위한 일부만을 부각하여 연구 결과를 이 용하는 사례가 늘고 있습니다. 우리나라 교육을 이끄는 것은 사교육 시장의 영업 사원과 상담 실장인데 연구하면 뭐 하냐고 교육학과 교 수들이 우스갯소리를 할 정도입니다.

그래도 이미 결심한 일이고 제가 30년간 해 왔던 공부이니 유치 원 교사와 원장을 하면서 겪었던 갈등과 의문을 해결하는 완전한 유 치원에 도전하기로 했습니다. 제가 노력해도 공감하는 학부모들이 없 어서 더 이상 버틸 수 없다면 타협하지 않고 정리하겠다고 마음먹었 습니다. 그동안 유아 교육 현장에서 유아들의 권익이 침해당하는 상 황을 보는 것이 매우 불편했기에 저라도 유아들을 위한 교육을 하고 싶었습니다. 대한민국의 유아 교육이 유아를 위한 것이 아니라 성인 들의 각자 욕심 채우기에 급급한 어두운 면이 있음을 학부모들이 알 아주기를 바랐습니다.

그래야 더 나은 교육을 유아들에게 줄 수 있다고 생각했습니다. 그래서 저는 오롯이 유아들을 위한 결정만 하는 유치원을 운영하고자 한 것입니다. 아무리 좋은 연구 결과라도 이를 적용할 수 있는 실천 방안을 제시하지 않으면 무용지물임을 깨닫고, 적어도 저와 연을 맺은 제 유아들과 학부모들에게는 제대로 된 선생이 되어야겠다고 생각했습니다.

　막상 유치원을 열고 1년 이상, 정말 무모한 일을 벌인 것은 아닌지 돌아볼 정도로 힘든 시간을 보냈습니다. 제가 그리던 꿈의 교육을 실천할 교사들과 유치원을 개원하기 6개월 전부터 같이 근무하며 연구했습니다. 개원 시기도 점점 늦어졌고, 숲유치원의 운영비가 3배 이상 들어가서 하고 싶어도 포기한다는 제자 원장들의 이야기가 사실임을 실감하기도 했습니다. 그렇게 힘든 시간을 보내면서 '왜 교수들이 유치원을 운영하면 실패할까?' 하고 깊이 고민했습니다. '내가 아니까, 남들도 다 알 거야.', '내가 좋다면 좋은 거니까, 무조건 따라오면 되는 거야.'라며 겸손한 마음으로 학부모들을 설득하지 않았기 때문이라 생각했습니다. 그런데 그와 같이 겸손하지 않은 생각은 저의 마음속에도 있어서 그저 내 생각을 몰라주는 것이 원망스러웠습니다.

　그러다 아무리 좋은 일도 알리지 않으면 안 된다는 것을 깨달았습니다. 처음 2년간은 한 달에 2번씩 부모 교실을 열어 학부모 대상의 강의를 진행했습니다. 그러면서 학부모들이 조금씩 교육에 대한 이해의 폭이 넓어짐을 느낄 수 있었는데, 늘 참석하는 학부모들만 참석하고 직장에 나가야 하는 학부모들은 점심시간을 이용한 강의에도 나올 수 없어서 참석률이 10% 정도에 그쳤습니다.

　결국 저는 가능한 모든 하부모들이 제 생각을 알아주기를 바라는 마음에 내러티브 탐구[1]를 위해서 쓰던 일기를 좀 다듬어서 학부모들에게 공개하기로 마음먹었습니다. 실은 글을 공개하기 1년 전부터 망설이고 망설였습니다. 시작하는 것은 어렵지 않겠으나 언제까지 성실하게 매주 글을 쓸 수 있을지 걱정이 되었습니다. 그래도 유아들을 위해서 해야 하는 일이라고 판단하여 '교육 이야기'를 쓰기 시작했고 지금까지 8년 넘게 이어 가고 있습니다.

매주 써 온 '교육 이야기'를 책으로 묶어 더 많은 학부모들과 생각을 나누면 좋겠다는 요청에 그동안 쓴 1,600여 쪽 분량의 내용을 덜어 내고 정리했습니다. 그 과정에서 제가 강조하고 싶은 생각이나 고민, 유아들의 성장에 중요한 내용이 잘 드러나도록 하였습니다. 때로는 시간의 흐름대로 배열하고, 어떤 이야기는 주제별로 묶어서 다소 혼란스러울 수 있겠으나 글을 쓴 날짜를 감안하여 독자들이 현명한 해석을 해 주리라 기대합니다. 비록 내러티브 탐구를 목적으로 그날그날의 느낌을 담아 쓴 체계 없는 글이지만, 유아들을 사랑하는 마음으로 읽어 주셨으면 합니다.

책에 나오는 '우리 유치원'이 고유명사는 아니지만 제가 운영하는 유치원의 이름을 대신하여 사용했습니다. 석성산 자락에 세운 우리 유치원은 아이들이 문만 열고 나가면 바깥 놀이를 할 수 있도록 유치원 놀이터가 자연이며 유치원 영외의 산과 이어져 있습니다. 2014년 유치원 개원 후 지금까지, 유아들은 바람이 너무 강하게 불었던 단 하루를 제외하고는 매일매일 숲에서 자연과 함께 놀며 배우고 있습니다.

우리 유치원의 교육 목표는 '건강한 사람'으로 성장할 수 있도록 지원하는 것입니다. 이는 국제 바칼로레아(IB:International Baccalaureate) 교육이 추구하는 목표와 일치하여, 2023년부터는 우리나라 최초로 IB교육 PYP(Primary Years Programme 유·초등학교) 과정에 함께

하고 있습니다. 앞으로도 저와 우리 교사들은 유아들의 무궁한 발전과 행복을 위해 현재에 안주하지 않고 끊임없이 연구하고자 합니다. 그리하여 세계와 시대가 필요로 하는 우리만의 교육 철학을 알리는 선생의 역할을 잊지 않겠습니다.

교육학 박사 임은정

I. 우리 유치원

진정한 학습은 누구와 경쟁하는 것
이 아니라 자신이 알고 싶은 것을
찾아가며 기쁨을 느끼는 과정이다.
어른들의 겉치레를 위해서 유아기
에 특기를 선행하거나, 단순 암기,
영어 주입식 교육을 받는 것은 독이
될 수 있다. 효과적으로 내 아이의
미래를 대비하고 싶다면 일관성 있
는 일상에서 앎을 쌓아 가도록 환경
을 만들어 주어야 한다. 이것이 우
리 유치원만의 특별함이며, 교육 방
식이다.

1. 숲을 선택한 유치원

모 대학에서 특강 의뢰가 들어왔다. 코로나 기간이어서 특강을 영상으로 촬영해 보내 달라고 했다. 강의를 영상으로 보는 학생들이 얼마나 힘들까 싶어서 신경이 많이 쓰였다. 주제는 '영유아의 생태 교육'이라고 했다. 주제를 듣는 순간 특강을 안 하고 싶었지만, 한 사람이라도 제대로 된 유아 교육을 실천하도록 설득하자는 생각에 마음을 바꾸었다. 대신 강의 제목은 내가 정하기로 했다.

내가 왜 특강 주제가 마음에 들지 않았는지 설명하고자 한다. "교수님네 유치원에서 하는 그런 교육에 대해 특강해 주시면 감사하겠습니다." 이는 강의를 부탁하는 교수님이 전화로 내게 했던 말이다. 우리 유치원에서 하는 교육에 대한 특강이라면서 '생태'라니, 맥이 빠졌다. 용어의 정의부터 다시 정리해야겠다는 생각으로 강의 원고를 작성했다.

우리 유치원은 자연을 교육의 중요한 수단으로 활용하고 있다. 우리 유치원의 '숲 놀이'와 '생태 유아 교육'을 육하원칙으로 비교해 보자.

교육에 있어서 대상(who), 시기(when), 장소(where), 내용(what)은 명확하게 드러나야 한다. 숲이나 자연은 결국 장소를 나타내는 용어로 활동 장소의 정체성을 드러낸다. 우리 유치원의 숲 놀이 대상(who)은 유아들, 시기(when)는 매일 유치원의 바깥 놀이 시간, 장소(where)는 유치원의 자연, 내용(what)은 놀이를 통한 교육이다. 그렇다면 이번 특강에서는 유아들이 왜(why) 자연에서 놀아야 하며, 어떻게(how) 교육 활동을 구성해야 하는지를 설명하면 된다.

하지만 나는 생태 유아 교육을 설명할 수가 없다. 생태의 사전적 의미는 '생물이 살아가는 모양이나 상태'이기에 장소로써 정체성을 갖고 있지 않다. 생태는 생물학 교육 내용 중 일부여야 할 것 같다. 생태 유아 교육이라는 용어를 처음 사용했다고 주장하는 책에 따르면 '생태 유아 교육은 인간 중심, 아동 중심, 개인 중심, 이성 중심을 지양하고 생명 중심, 공동체 중심, 전인 교육을 지향하는 사상적 철학적 패러다임을 가지고 있다.'라고 하였다. 이 말은 유아들의 놀이를 위해서 자연을 활용하겠다는 내 생각에 위배된다. 어쨌든 생태 유아 교육이라 함은 유아들을 대상으로 한다는 것과 생태를 지키기 위해서 한다는 목적 외에는 나로서 명확하게 사실을 밝힐 수가 없다.

왜(why) 자연에서 놀아야 하는지에 대한 생각도 나와 생태 유아 교육은 방향이 다르다. 나는 유아들의 뇌, 정서, 인성, 사회성 등 모든 발달에 최적의 도구가 자연이라고 생각하기에 자연을 활용하는 것이므로 철저하게 인간 중심이자, 아동 중심이며, 개인의 행복 중심 교육이다. 이는 생태 유아 교육이 지양한다고 밝힌 가치이다. 우리 유치원의 교육과 생태 교육이 겉보기는 비슷할지 몰라도 근본적인 철학이 전혀 다르다.

우리 유아들이 오래오래 건강하게 자연에서 놀아야 하기에 자연을 아끼고 숲을 보존하려 노력한다. 그렇다고 숲에서 노는 우리 유아들이 모두 환경 운동가가 되어야 하는 건 아니다. 숲에서 놀면서 관찰력도 좋아지고, 인성, 인지, 사회, 정서 등의 발달에 긍정적인 영향을 받는 것이 우리 유치원 숲 활동의 목표이다. 어쨌든 내가 정의를 내릴 수도 없기에 생태 교육은 내가 강의할 수 있는 주제가 아니다. 유아 교육과 교수들도 혼용하고 있는 생태 교육, 숲 교육, 자연 교육의 정의와 각 교육 기관별 특성을 우리 유치원의 가족들은 정확하게 변별할 수 있는 기회가 되었기를 바라는 마음으로 글을 써 보았다.

이는 2020년 6월 17일의 기록이다.

2. 우리 유치원이 강조하는 가치

우리 유치원에 자녀 교육을 맡기신 학부모들이 추구하는 교육 목표는 나의 교육 목표와 같다고 생각한다. '만족 지연 능력[2]', '메타 인지[3]', '자기 조절력', '편견 없는 자존감'을 길러 주는 것이다. 현재 유아들이 이런 성향을 갖고 있다면 바람직하지만, 그렇지 않다면 지금부터 길러 주어야 한다. 이런 성향은 유아들이 일생을 행복하게 살기 위한 필요충분조건이기 때문이다.

우리 유치원은 유아들의 긍정적인 발달을 돕고자, 유아들의 바람직한 성향 기르기를 교육에 적극적으로 반영한다. 더불어 현재의 유아 성향을 관찰하고, 부가 수단으로 연구 도구를 활용한다. 유아들은 성장하면서 자신만의 기질이나 환경의 영향으로 각기 다른 성향을 가지고 있다. 유아의 장점은 더 발전하도록 돕고, 약점은 보완하여 앞으로의 삶을 풍성하게 만들어 주는 것이 연구 도구 활용의 목적이다. 아래의 검사 방법들은 이미 많은 연구에서 사용된 기법으로 교사들의 관찰과 함께 활용하기에 꽤 신뢰가 있는 방법이다.

첫째, 당장의 본능을 잠시 누르고 기다릴 수 있는 만족 지연 능력이다. 스탠퍼드 대학의 월터 미셸(Walter Mischel) 교수를 필두로 1974년에 시작된 이 연구는 지금도 연구가 진행되고 있으며, 만족 지연 능력의 영문 표기인 'Processes in delay of gratification'으로 검색하면 영문 연구만 1,000개 이상의 결괏값이 나온다. 그 정도로 심리학, 인지학 분야에서 꾸준히 관심을 두는 주제이다. 만족 지연 연구에서는 학업 성취, 충동, 창의성, 자기방어 등 수없이 많은 변인과의 관계를 연구하고 있다.

둘째, 어떤 과제에 도전하는 계기가 타인의 시선이나 겉치레보다는 자신의 내적 동기인 자발적 동기에 대한 검사이다. 이는 자신이 실패한 과제에 재도전하고 싶어 하는지 확인하는 검사 방법이다. 퍼트리샤 스마일리(Patricia A. Smiley)와 캐럴 드웩(Carol S. Dweck)의 1994년 연구[4]에서 사용했고, 그 이후 학업 성취, 정서, 사회성, 행복 등의 변인과 연결하여 연구되고 있다.

셋째, 양성평등에서 시작되는 편견 없는 인류애는 현대 사회에서 강조되는 가치관이며 개인의 발전을 위해서 반드시 지녀야 할 덕목이다. 성 평등(Gender Equality)은 한 사회가 보여 주는 의식 수준의 지표라고 할 수 있다. 성 평등 의식의 국가 간 비교 연구, 출산율, 행복, 성공 등의 변인과 함께 연구된다. 성 평등을 키워드로 검색된 연구만 200,000건 정도라서 모두 확인할 수는 없지만, 그만큼 중요하게 다뤄지는 주제임은 확실하다.

각각의 검사가 내포하고 있는 가치는 설명할 것이 너무 많지만, 이번 교육 이야기는 학부모 상담을 위해서 하는 검사들의 종류를 간략하게 소개하는 것과 그 검사들이 이미 신뢰도와 타당도가 충분히 확보된 것이라는 설명에 집중하려 한다.

이 외에 유아들의 발달 단계를 확인하기 위한 검사를 한다. 그중 하나는 문해력과 수리력이며 다른 하나는 조망 수용 능력 검사이다. 수나 문해력 검사는 일상의 발달 수준을 확인하는 것이고, 조망 수용 능력 검사는 내가 아닌 타인의 입장을 시각적, 정서적으로 이해하는 능력을 확인하는 것이다. 우리 유치원은 허드슨(L. M. Hudson), 포먼 (E. A. Forman), 브라이온-메이즐(S. Brion-Meisel)의 연구 방법[5]을 가지고 조망 수용 능력 검사를 한다.

같은 연령이라도 각자 발달 차이가 있으며 개인 내에서도 빠른 영역과 조금 늦는 영역이 있을 수 있다. 개인의 발달 특성을 이해 못한 교사가 지나친 기대로 유아를 몰아붙이지 않게 하거나, 유아의 행동을 수정할 때와 기다려 줄 때를 구분하기 위함이다. 조망 수용 능력이 발달되지 않았는데 친구의 입장을 고려하지 않는다고 사회성이 없다고 다그치는 것은 의미가 없다.

교사는 검사와 관찰을 통해서 개별 유아들을 이해하면 쓸데없이 화가 나는 상황도 피할 수 있고 유아들과 좀 더 편하게 지낼 수 있게 된다. 이렇게 이해한 것을 바탕으로 상담을 통해서 설명하면 학부모들까지도 유아들과 좀 더 편하게 지낼 수 있으며 부족한 부분은 유치원과 가정이 합심하여 채워 갈 수 있다. 유아들에게 각각의 성향을 더 길러 줄 수 있는 방법에 대한 것은 앞으로 하나하나 설명해 갈 것이다.

이는 2024년 3월 26일의 기록이다.

3. 신체 활동과 실외 활동은 선택이 아니다

얼마 전, 한 담임 교사가 두 분의 어머니와 상담했는데 아래처럼 상반되는 내용을 이야기했다고 한다.

어머니 1: 우리 아이가 가만히 앉아서 노는 게 아니라 이렇게 많이 움직여도 되는 걸까요? 아무래도 차분히 앉아서 하는 활동을 좀 시켜야겠어요.

어머니 2: 우리 아이는 나가서 노는 것을 안 좋아하는 성향인가 봐요. 교실에만 있고 싶대요.

결론부터 말하자면 유아기에 신체 활동과 햇볕 아래서 놀이하는 것은 성향과 관계없는 필수 활동이다. 유아를 가만히 앉혀 놓겠다는 생각은 유아 발달에 전혀 도움이 되지 않는다. 신체 발달이 중요한 이유는 여러 가지로 설명할 수 있겠지만 이번에는 크게 두 가지, 놀이에 대한 연구 결과와 전문가 집단의 주장으로 설명하고자 한다.

유아기에 놀이가 중요하다는 것은 이미 많이 알려진 보편적인 상식이 되어 가고 있다. 교육학자 바넷(L. A. Barnett)은 놀이성을 신체, 사회, 인지 발달로 분류한다. 움직임을 좋아하고 자신의 신체를 조절할 수 있는 신체적 자발성, 친구와 협력하여 놀거나 혼자서 즐길 수 있는 사회적 자발성, 스스로 문제를 발견하고 아는 것을 확장하고자 하는 인지적 자발성 등 모든 놀이 성향은 중요하다. 그중에서도 사회적 자발성과 인지적 자발성을 발휘하는 데 견인차 역할을 하는 신체적 자발성이 가장 중요하다.

유아기부터 많이 앉아 있어야 성공한다는 취지의 의자 광고가 있었다. 그 광고는 이론적으로 모두 거짓인데 불특정 다수 국민들의 의식을 바꾸어 놓을까 봐 매우 걱정했었다. 다행히 그 광고는 금방 없어졌다. 어릴수록 많이 움직이고, 보고, 만지는 게 자연스러운 발달이며 인지 능력 발달에 도움이 된다. 오히려 유아기에 움직이는 것을 즐기지 않으면 많은 것을 손해 본다.

신체적으로 활발하게 움직이는 유아들이 친구들과의 사회관계도 수월하게 맺을 수 있으며 인지 발달에도 유리하다. 물론 신체적 자발성, 사회적 자발성, 인지적 자발성은 연동되어 함께 발달하지만, 유아의 연령이 어릴수록 신체적 자발성이 다른 발달을 주도하는 것이다. 드물게는 정상 발달의 범주로 보기 힘들 만큼 집중을 못 하는 유아들도 있다. 그런 특별한 상황이 보이면 교사는 금방 느끼고 나와 상의한다. 그 후에 내가 부모님과 상담할 것이다. 그런 경우가 아니라면 유아가 많이 움직인다고 해서 민감할 필요가 없으며 오히려 바깥에 나가지 않으려고 하거나, 신체 활동을 싫어하는 것을 경계해야 한다. 급한 마음에 바둑, 영어, 수학, 학습지 등을 하면서 앉아 있는 연습을 시키려는 생각은 유아기 특성을 잘못 이해한 결과이다.

아동 발달 전문가 집단은 뇌 발달을 촉진하기 위한 조건으로 '첫째, 자연과 함께 생활하기. 둘째, 꾸준히 운동하기. 셋째, 조용한 시간 갖기. 넷째, 즐거운 대화하기'를 강조한다. 뇌 과학자, 소아정신과 의사, 교육학자들의 일반화된 이론은 유아기가 뇌 발달이 가장 활발한 시기이며 중요한 시기라는 것에 이견이 없다. 그렇기에 OECD[6]에서도 강력하게 권고하는 것이다.

우리나라도 교육 과정에 반드시 1시간 이상 바깥에서 놀아야 한다고 법으로 명시하고 있지만, 미세 먼지나 교육 기관의 환경, 일부 학부모 민원을 핑계로 느슨하게 뒤로 밀린다. 이런 형편들이 유아의 발달보다 중요하게 다루어지는 것 같아서 유아들이 안쓰럽다. 유아들의 신체 활동을 확보할 수 있는 좀 더 엄격한 규정이 있으면 좋겠다.

학부모들이 자녀의 교육을 결정할 때 잘못된 전철을 밟지 않으려면, 교육을 과학적으로 생각하고 하나씩 근거를 찾아가야 한다. 다행스럽게도 우리나라 학부모들의 생각이 조금씩 논리적으로 바뀌고 있음을 보여 주는 사례들이 있다. 그 첫 번째가 우리 유치원 학부모들의 교육에 대한 이해가 초기와는 다르게 높아졌다는 점이다. 두 번째는 사회에서 보이는 관심이다. 우리 유치원 프로그램이나 환경을 궁금해하는 언론이나 교육자들이 점차 늘고 있다. 자녀 교육을 억지로 시키는 게 아니라, 아이 발달의 적기에 적절한 환경을 제공하는 어머니를 가리키는 '적기맘'이 신조어로 유행된다는 보도를 보았다. 교육 선진국으로 이끄는 변화가 서서히 일어나고 있는 듯하다. 우리나라의 교육열이 이렇게 바람직한 방향으로 바뀌면 놀라운 힘을 낼 것이다.

이 과정에서 인성 교육과 철학적 사고, 비판적 사고를 교육해야 한다는 교육적 의식의 끈을 놓치지 않는다면 우리 유아들은 신체 발달을 기반으로 건강하고 논리적으로 성장할 수 있을 것이다.

　나는 '교육 이야기'를 우리 유치원 유아들의 어머니뿐 아니라, 아버지도 함께 읽고 생각을 나누어 주셨으면 좋겠다. 교육에 있어서 부모의 생각이 다르면 유아들은 혼란스러워지고, 교육적 효과도 낮아지기 때문이다.

이는 2020년 8월 20일의 기록이다.

4. 이것이 학습이다

　학습은 스스로 하는 것임은 모두 아는 사실이다. 그런데 어떻게 스스로 하게 되는지 과정과 방법을 모르기에 학부모는 유아를 억지로 끌고 가려 한다. 유아 스스로 하고 싶어지도록 기다려 주고, 알고 싶은 것이 생기도록 자극을 주고, 미리 해답을 알려 주지 않는 경험이 정말 오래 쌓여야 한다. 유아들에게 처음부터 스스로 할 수 있을 때까지 "어디까지 할 수 있어요? 어디서부터 도와줄까요?"라고 꾸준히 물어봐 주어야 한다. 진정한 학습은 누구와 경쟁하는 것이 아니라 자신이 알고 싶은 것을 찾아가고 기쁨을 느끼는 과정이기 때문이다.

　우리 유치원에서는 유아 스스로 메타 인지를 발휘하여 자신이 할 수 있는 범위와 도움이 필요한 범위를 정확하게 정하도록 이끈다. 자신이 알게 된 것을 기꺼이 설명하고 나누면서 지식은 견고해진다. 우리 유치원의 유아들이 이제 3년 가까이 생활하면서 멋지게 해내고 있다는 것을 느끼는 일화들이 많아졌다.

아래는 여름 학년이 미술 활동으로 교실에서 애벌레 인형 만들기를 하는 상황이다. 애벌레 인형의 다리를 끈으로 묶어서 만들고 있다.

> 서진: 선생님, 저도 끈으로 묶어 볼래요. 알려 주세요.
> 교사: (끈을 묶는 과정을 천천히 보여 준다.) 이렇게 묶으면 돼요.
>   하나의 다리마다 두 번씩 묶어 보세요.
> 서진: (교사를 따라 하며 애벌레 다리를 만든다.) 이제 할 수 있어요.
> 별이: 선생님, 저는 못 묶겠어요.
> 서진: 나도 방금 배웠어. 내 옆에서 같이 하자. 알고 나면 엄청
>   쉬워!
> 별이: 그럼 알려 줘. (서진과 같이 묶어 본다.) 오, 이제 알겠어.
> 우주: 난 여기까지 했는데 여기서부터 모르겠는데?
> 별이: 내가 도와줄게.

인지 심리학에서는 지식을, 자신이 알고 있다고 생각하는 지식과 실행하고 설명할 수 있는 지식으로 나눈다. 그러면서 진정한 앎은 실행하거나 설명할 수 있는 지식이라고 설명한다. 서진은 매듭 묶기라는 새로운 과제를 스스로 할 수 있도록 교사의 도움을 받았고 별이에게 설명하면서 자신의 앎을 확고히 했으며, 우주는 자신이 할 수 있

는 것과 어려운 부분을 나누어서 별이에게 도움을 청했다. 서진, 별이, 우주 모두 메타 인지 능력이 성장하고 있음을 알 수 있다. 메타 인지 능력은 인간이 살아가며 끊임없이 겪는 학습 과정에서 능률을 올리는 중요한 기술이며, 학습 동기를 만드는 받침이 되어 준다. 유치원에서의 교육은 경험을 통해서 차곡차곡 사고의 습관을 만들어 가는 과정이어야 한다. 그러려면 교사가 혼자 유아들을 지시하고 끌어가는 형태의 교육이 되어서는 안 되며, 교사와 친구들과 함께하는 유아들의 일상이 교육이 되어야 한다.

이는 2018년 5월 22일의 기록이다.

5. 핵심어

유아기의 교육은 정해진 교육 과정을 주입하면 안 된다. 유아들의 자발적인 관심과 자신만의 발달 시기에 교육을 맞춰야 한다는 여러 증거와 이론들이 정설이 된 지 오래다. 이런 이론에 맞춘 교육 과정과 프로그램들이 생겨났는데, 경험의 중요성을 널리 인식시킨 학자는 미국의 교육학자 존 듀이(John Dewey)다. 그의 영향으로 프로젝트 수업이 생겨났고 이를 발전시켜서 이탈리아 레지오 에밀리아 마을의 수업이 생겼다. 독일에서는 상황 중심 프로그램이, 영국에서는 자유 학교 철학이 생겨났다. 모두 교육 철학과 방법에 조금씩 차이는 있지만, 유아들이 관심을 보이는 활동으로 교육하며 일상에서의 경험에 중심을 두고 있다. 하지만 이를 실행하는 교사와 학부모의 철학이 받쳐 주지 못하면 성공적인 교육이 불가능하기에 여러 문제점이 지적되고 있다.

우리나라를 포함하여 국가 수준의 유아 교육 과정을 진행하는 나라들은 모두 생활과 밀접한 주제를 중심으로 교육 과정을 구성하고 있다. 나는 이 주제가 매우 중요하다는 것을 우리 유치원 개원 둘째 해가 되면서 확신하게 되었다.

유아들이 몰입하는 주제와 흥미를 갖지 못하는 주제의 특징을 연구한 결과 유아들은 늘 눈으로 볼 수 있는 주제일 때 몰입하고 재미있게 접근한다는 것을 알게 되었다. 그래서 우리 유치원은 이런 주제를 '핵심어'로 만들었다. 핵심어의 조건은 우리가 영상이나 책으로 보던 것을 실제로 보고 만지고 조작할 수 있어야 한다. 핵심어 자체를 학습하기보다 핵심어로 관심을 집중하고 몰입하게 한 후에 다양한 놀이를 통해서 활동 목표를 달성한다.

같은 핵심어를 해도 각 연령별로 각기 다른 목표를 정하고 활동의 난이도도 달리 구성한다. 예를 들면, 우리 유치원의 유아들이 가장 재미있어 하는 주제는 '버섯'인데, 숲을 다니면서 그동안 눈에 보이지 않던 것이 보이기 시작하고 그 종류도 많기 때문이다. 작년에도 보았고, 재작년에도 보았던 버섯이라고 해도 활동들은 전혀 다르다. 유아들의 경험이 중첩되면서 자신만의 개념을 만드는 모습을 본다면 이는 교사에게도 성장의 계기가 된다.

아래는 핵심어 활동 중 일부의 기록이다. 유아 각각의 발달에 따라서 활동들은 조금씩 다르지만 모든 학년이 버섯을 자르고 관찰하였다.

활동 상황: '버섯의 단면을 관찰한다.'라는 활동 목표를 가지고, 버섯의 단면을 자르기 전에 유아들이 그 모습을 유추해서 그림을 그렸다. 그런 다음 내가 표현했던 그림과 실제 버섯을 자른 단면을 비교해 보는 활동을 하였다. 그 과정에서 유아들은 버섯의 단면이 어떤 모습일지 깊이 생각하고, 궁금증을 가지며 스스로 답을 찾아간다.

이와 더불어, 분수의 개념을 경험하는 활동 목표를 가지고 버섯을 자르며 놀이하였다. 놀이 후 활동에 대한 교사의 기록 몇 가지를 아래에 옮겨 본다.

1. 유아들이 잘랐던 버섯이 반찬으로 나오자 기뻐하며 정말 잘 먹었다.
2. 버섯을 자를 때 실제 버섯을 보며 버섯의 구조를 구별하였으며, 자르면서 수 활동에 흥미를 갖고 자극을 받으며 활동에 몰입하였다.
3. "이번에는 몇 등분으로 잘랐나요?"라고 묻자, 한 유아가 버섯 조각 3개를 보이며 '3등분'으로 잘랐다고 대답하였다.
4. "잘라도 더 많이 먹을 수 없어요! 왜냐하면 버섯 하나는 아무리 잘라도 하나라서 더 많아지지 않기 때문이에요."라고 설명하는 유아들이 있었다.

4년 만에 처음으로 올해 우리가 하는 버섯 활동의 수를 세어 보았다. 안전과 세밀화처럼 연령별로 중복되는 활동을 제외하고 봄, 여름, 가을 학년의 각기 다른 활동이 109가지였다. 안전은 유아들에게 각인되어야 하는 문제이기에 매년 반복하지만, 가을 학년이 되면 확인하는 수준에서 넘어간다. 세밀화 그리기는 매년 정교함과 관찰 수준이 달라지는 흥미로운 활동이다. 나머지는 모두 다른 활동들이다. 물론 관찰하는 과정은 같지만, 가을 학년의 대화 수준은 동생들과는 사뭇 다르다. 가을 학년은 바느질로 버섯주머니를 만들기도 한다.

수 활동도 꾸준히 발전시켜서 많이 세고, 나누고, 배수의 개념을 느끼도록 자연물로 만지고 놀이한다. 이렇게 직접 느끼고 개념을 생각하는 시간이 종이 위에 인쇄된 숫자를 보는 시간보다 중요한 때가 바로 유아기이다. 이런 놀이를 많이 해 본 유아들이 추상적 사고 단계에서도 어려움이 없이 수학을 받아들인다는 연구 결과는 넘쳐 난다. 그런데도 유아들이 자신만의 의미를 찾기 어려운, 아라비아 숫자가 가득한 종이 학습을 고집할 것인가? 이런 학습 탓에 수포자(수학포기자)가 되는 학년이 오히려 빨라지고 있다.

우리 유아들이 자연스럽게 수학적 개념을 대답하는 모습을 보면서 나는 희열을 느낀다. 이는 천천히 그리고 끊임없이 일상을 준비해 준 교사들의 힘이다. 우리 유치원 학부모들도 우리의 핵심어에 함께 몰입하고 즐거워한다면 유아들은 더 많이 발전하고 즐거운 시기를 보내게 될 것이다.

이는 2017년 8월 19일의 기록이다.

6. 탐정놀이

숲에서 하는 놀이 중에서 우리 유치원에서만 하는 '탐정놀이'가 있다. 숲에서 활동량을 늘리고, 창의성(문제 해결력), 협동심을 기르는 방법으로 생각해 낸 놀이이다. 봄 학년은 진급 직전 한두 번 정도 놀이하지만, 여름 학년과 가을 학년은 모두 재미있게 놀이하고 있다. 탐정처럼 숲에서 숨어 있는 문제들을 찾고, 친구들과 함께 찾아온 내용을 유추해서 완성하는 놀이이다. 근래에 애벌레, 개미, 거미 등의 핵심어를 진행하는 중이어서 여름 학년은 '퍼즐 만들기 탐정놀이'를 진행했다. 탐정놀이에 대한 두 여름 반 교사들의 평가가 있어서 아래에 기록하고자 한다.

> 교사 1: 퍼즐을 완성하는 탐정놀이를 했다. 퍼즐 판을 만들어 퍼즐을 하나씩 완성할 때마다 유아들이 아주 즐거워하면서 활동했고 만족감이 높았다. 퍼즐 조각들이 숨겨진 곳을 조금 더 어렵게 해도 좋을 것 같았다.
>
> 교사 2: 탐정놀이에 사용한 퍼즐을 그대로 수 조작 영역에 제시하여 자유 선택 활동 시간에 다시 해 볼 수 있도록 하였다. 다 함께 활동했던 것을 회상하며 누리와 하늘이가 다시 스스로 놀이하는 모습을 보면서 놀이의 가치를 느꼈다.

유아들이 숲에서 여기저기 숨겨 놓은 퍼즐 조각을 찾아서 하나의 퍼즐을 완성하는 것으로 진행한 놀이는 이후 자유 놀이 시간에도 자연스럽게 이어졌다.

이 밖에도 수를 더하고 더해서 모두 몇 개인지 상의하여 답을 찾는 놀이도 한다. 거미를 몇 마리 잡아서 다리가 모두 몇 개인지 세어 보기도 한다. 한창 푸르른 모습으로 변하는 자연이 주는 선물이 참 신기하다. 숲에서는 할 수 있는 놀이가 무궁무진하다.

이는 2017년 5월 10일의 기록이다.

7. 장난감 없는 유치원

'장난감 없는 유치원'을 우리 유치원도 진행했다. 2~3주 전부터 교사들이 여러 준비를 했는데, 놀잇감을 스스로 생각하고 만들기, 전래 놀이를 소개하고 친구들에게 제안하면서 놀기 등이 있었다. 장난감 없는 유치원에서 교사가 만들어 준 교재나 교구 없이 지내면서 유아들이 무엇을 하고 놀지 정말 기대가 컸다. 내가 전에 모 대학 부속 유치원에서 시도했을 때는 유아들이 너무 당황해서 그대로 서 있기도 하고, 울기도 했다.

우리 유아들은 정말 신기하게 놀이를 만들어 내었다. 없으면 대체할 것을 찾거나 교사에게 꼭 필요한 풀과 가위만 달라고 조르기도

하고, 종이만 달라고 협상하기도 했는데, 교구를 찾는 유아들은 없었다. 교사들의 평가를 아래에 몇 개 옮겨 본다.

교사 1: 유아들이 친구들과 함께 놀이할 것들을 만들어 왔다.
교사 2: 사방치기 놀이에 흥미를 보이며 친구와 함께 놀이를 즐기는 모습을 보였다.
교사 3: 유아들과 장난감 없는 유치원 이야기를 나눌 때 소망이가 "우리는 생각하는 힘이 커서 장난감 말고 친구들이랑 새로운 놀이를 만들어서 놀 수 있어요."라고 말했다.

유치원 평가를 다닐 때 어떤 유치원에서 유아들의 공간보다 교구들이 차지한 공간이 많을 정도로 수많은 장난감이 전시된 교실을 보았다. 먼지가 쌓인 교구들을 보면서 이 교구를 유아들이 다 사용하지 않을 것이 분명해 보였다. 만약 다 꺼내서 사용한다면 '교구를 정리하느라 하루가 다 가겠구나.'라고 생각했다. 일과를 관찰하면서 유아들이 교실 가득한 교구에는 관심을 갖지 않는 모습을 보았다. 유아들이 사용하는 교구는 종이, 재활용품, 블록이 전부였다. 늘 같은 교구는 오히려 활동이 제한적이라는 이론을 뒷받침하고 있었다.

유아들은 타인이 채워 놓은 교구나 장난감에 지속적인 관심을 보이지 않는다. 그뿐만 아니라 단순한 교구로는 창의적이거나 자발적인 사고와 행동을 할 수 없다. 교구만 가지고 혼자 놀이하는 것은 사회관계 기술을 터득해야 하는 유치원 교육 목표를 저해할 수도 있다.

그래서 모 대학 부속 유치원에서도 '장난감 없는 유치원'을 실험적으로 적용해 보았던 것이다.

최근에 어른들 사이에서 '미니멀 라이프'에 관심이 많아졌다고 한다. 나는 미니멀 라이프 의미가 '몰입을 방해하는 유형 혹은 무형의 것을 소유하지 않는 것'이라고 생각한다. 우리 유치원의 교육 환경도 교사와 유아들이 함께 주제에 몰입할 수 있도록 만들어 간다. 교사가 작위적으로 예쁜 것으로만 꾸민 환경은 오히려 교육에 방해가 된다. 유아들이 집에서도 스스로 꾸미고, 스스로 정리하며 놀이하는 환경이 가장 좋은 환경이다. 유아들이 놀이를 스스로 찾고, 스스로 만들어 가며 놀 수 있기를 바란다.

이는 2017년 10월 20일의 기록이다.

8. 가을 학년은 선생님

우리 유치원 가을 학년은 모두 교수자 역할을 하게 된다. 그동안 해 왔던 활동들을 확장하고 더 깊이 있는 활동을 해서 동생들에게 베푸는 활동까지 함으로써 교수 활동이나 설명도 정교해진다.

아래는 가을 학년 지혜가 동화책을 그리고 만들어서 봄 학년 다연에게 선물한 후 하원하는 차 안에서 나눈 대화이다.

교사: 다연아, 오늘 읽은 동화책은 지혜 언니가 만들어 준 거
　　　예요.

지혜: 맞아요!

다연: 언니, 고마워! 이 책 진짜 좋아.

지혜: 아, 부끄럽다.

아래는 작년에 캐 놓았던 칸나를 땅에 심는 활동을 가을 학년 진호가 봄 학년 희성에게 설명하고 실습하는 상황이다.

진호: 잘 봐, 이게 씨눈이야. 이게 하늘로 가게 심어야 돼. 네가
　　　흙 속에 넣어 볼래?

희성: 응. (흙 속에 씨눈을 넣는다.)

진호: 그리고 흙으로 칸나씨가 다 덮이도록 해야 돼. 같이 하
　　　자.

희성: 알겠어. (흙을 덮기 시작한다.)

칸나 심기를 하는 동안 유아들이 나눈 대화는 정말 귀엽고 사랑스럽다. 이제는 혼자서 밑줄 치고 암기하는 시대가 아니다. 아무리 암기해도 컴퓨터를 따라갈 수는 없다. 자신이 가지고 있는 것을 서로 나누고 발전시키지 않는다면 지식의 가치가 반감되는 시대이다. 우리 유치원의 유아들은 발표하고 설명하는 것에 익숙해지면서 열심히 관찰하고, 생각을 창의적으로 발전시키고 있다.

발표하는 것에 어려움이 없는 우리 유아들이 학교에 진학하면

힘들어할 때가 있다고 들었다. 발표하고 싶고 질문하고 싶은데, 기회가 오지 않아서 늘 팔을 들고 있다시피 한다는 것이다. 그러다가 학습 의욕과 자발적 성향을 잃게 될까 봐 걱정이 된다. 학교생활에 적응하는 것을 걱정해야 하는 현실이 슬프다. 부디 우리 유아들이 학교에서도 자신의 지식을 발전시키고 앎의 즐거움을 이어가길 바란다.

이는 2018년 4월 11일의 기록이다.

9. 한글을 익힌 경로

지난주에 유아들의 한글 익힘에 대해 학부모들에게 설문을 했었다. 가을 학년은 85%가 한글을 읽을 수 있고, 여름 학년은 25%가 읽을 수 있다고 했다. 봄 학년은 한 명이 읽을 수 있었다. 한글을 읽는 것보다 글에 담긴 뜻을 이해하는 것이 중요하기 때문에 우리는 '문해 발달'이라는 용어를 사용한다. 그렇기에 우리 유치원에서는 봄 학년부터 유아들에게 의미가 있으면서 사회관계 발달을 위해서 필요한 '친구 이름 구별하기' 환경을 조성하기 시작한다.

학부모들도 눈치를 챘겠지만, 우리 유치원의 가방장이나 신발장은 봄 학년부터 유아의 사진이 아닌 한글 이름으로 자리를 표시한다. 처음에는 유아들이 위치와 눈치로 자신의 자리를 찾기 시작한다. 그러다 친구들과 가까워지면서 유아들은 친구들의 이름을 구별하기 시작한다.

한글을 읽는 것은 유치원 교육 목표에 들어 있지 않다. 그냥 생활하면서 한글과 문자를 미루어 짐작하고, 어느 순간 필요에 의해서 한글을 읽게 되는 것이 우리 유치원의 목표이다. 한글 공부 시간이 따로 있지 않지만, 교사들은 일상에서 한글과 친해지는 환경을 만들기 위해 많은 연구를 하고 활동에 적용한다. 유아들은 '친구 이름표 찾아주기'를 시작으로 매일 1-2분씩 한글을 접한다. 짧지만 꾸준한 활동들이 모여서 가을 학년이 되면 자연스럽게 한글과 가까워진다.

이번에 문해 발달 경로를 설문했던 것은 이런 교사들의 노력이 어느 정도 효과적이었는지 알기 위한 것이었다. 한 명의 유아만 학습지를 잠깐 했었다고 응답한 것을 보면서 정말 우리 학부모들에게 감사했다. 설문 조사에 응답하지 않은 8명 정도의 유아들은 통계에 넣을 수 없지만, 우리 유아들 대부분이 유치원에서 한글을 알게 되었다고 학부모들이 응답했다.

아이가 한글에 관심을 보이거나, 옆집 친구들이 한글을 읽기 시작하면 학습지를 시킬지 고민했을 법도 한데, 오래 기다리며 가정에서도 읽는 것을 도와준 덕에 우리 유아들은 학습 의욕을 잃지 않고 한글을 읽게 되었을 것이다.

교사들 입장에서 보면 시간은 짧아도 매일 해야 하는 활동이라 꾸준히 실행하기에 부담스러운 것이 사실이다. 애초에 한글을 읽는 것은 교육 목표도 아니니까 차라리 학습지로 한글을 익히고 오라고 하는 게 훨씬 편할 수 있다. 하지만 이렇게 교사의 배려로 일상에서 글을 익히는 것이 옳은 방법이라는 것을 알기에 앞으로도 계속 이어

갈 것이다. 우리 유아들이 학이시습지 불역열호(學而時習之, 不亦說乎)[7] 하는 성인이 되길 기원하면서……

이는 2018년 7월 4일의 기록이다.

10. 마시멜로 실험

이번 주에는 마시멜로 실험으로 알려져 있는 '만족 지연 검사'를 하였다. 이 검사를 하는 날은 우리 유치원에서 1년에 하루, 인공적인 단 음식을 먹는 날이다. 이런 검사를 하는 목적은 지연 능력이 높은 사람으로 성장하도록 돕고자 함이다.

만족 지연은 미래에 더 큰 만족을 위해 현재의 만족을 지연시키는 것을 말한다. 1974년 스탠퍼드 대학교 부설 연구소에 다니는 4세 유아 653명을 대상으로 월터 미셸(Walter Mischel) 박사가 실험한 것이 시초였다. 실험의 내용은 유아에게 마시멜로를 하나 주고 15분간 먹지 않으면 두 개를 먹게 해 주겠다는 약속을 하고 반응을 살피는 것이었다. 이때, 15분을 기다려 두 개를 먹은 유아는 전체의 30%에 불과하였다. 실험 당시엔 만족 지연이 성격 특성으로 개인마다 다름을 밝히는 데 그쳤다.

그 후 1990년의 연구에서는 1974년 실험에 참가했던 유아들을 추적한 종단 연구를 통해 만족을 지연하여 두 개를 먹은 유아와 참지 못하고 하나를 먹은 유아의 삶을 비교하였다. 그 결과 만족을 지연하여 두 개를 먹었던 유아들은 만족 지연이 안 되었던 유아들에 비해 미국 대학 입학 자격시험인 SAT 성적이 210점 높았다. 이후 추적 연구에서 만족을 지연한 유아들은 삶의 만족도가 높았고, 지연 시간이 매우 짧았던 유아들은 충동 조절이 부족하다고 밝혀졌다.

이후의 연구들은 만족 지연을 높이는 방법에 관심을 돌렸다. 마시멜로에 집중할 수밖에 없는 환경과 마시멜로를 잠시 잊고 다른 생각을 할 수 있는 환경을 제공했다. 그 결과 마시멜로에만 집중한 집단이 실패 확률이 높음을 밝힌 것이다. 나는 이 실험 결과에 주목하였고, 우리 유아들에게 만족 지연 능력을 높여 줄 교육 방법을 정리하였다.

하나, 이루고자 하는 일의 결과에만 집중하기보다 과정을 즐기면서 느긋하게 기다리는 사람이 성공 확률이 높다. 그러므로 한 가지 일을 느긋하게 하루 이틀, 혹은 그 이상의 시간을 들여 할 수 있어야 한다. 그런 면에서 노작 활동은 훌륭한 교육이며, 재활용품으로 만들기를 조금씩 완성해 가는 놀이도 도움이 된다. 하나의 핵심어로 오래 이것저것 하는 것도 도움이 된다.

둘, 기다리면 두 개를 먹을 수 있다는 믿음이 중요하다. 3세 이전에는 주 양육자와의 애착이 세상에 대한 믿음을 갖는 데 큰 영향을 준다. 3세 이후에는 교사도 약속을 지킬 것이라는 믿음을 가질 수 있도록 해 주어야 한다. 그래서 유아들에게 최대한 자세하게 설명하고 공감하는 것이 중요하다.

유아기에는 다양한 부분이 고르게 발달해야 한다. 만족을 지연하기 위한 전략과 성향을 습득하는 시기도 유아기이다. 우리 유아들의 만족 지연 시간이 점점 늘어나는 것을 보면서 우리 모두 수고했다고 자축하고 싶다. 처음 실험을 했던 월터 미셸 박사의 결과보다 우리 유아들의 성공 확률이 훨씬 높다.

우리는 모두 행복하게 삶을 영위할 수 있어야 한다. 미래를 위해서 현재를 무조건 희생하라고 강요한다면 실패 확률이 높고, 극히 일부만 성공한다. 그런 면에서 우리 사회의 교육이 얼마나 무모한 교육이었는지 돌아보게 된다. 미래를 위해서 참고 기다리기보다 현재를 즐기면서 전략적으로 접근하는 노력이 필요하다. 필요한 곳에 필요한 힘을 쏟아야 한다. 물론 성공적인 결과는 중요하다. 하지만 언제, 어떻게 할 것인지 방법의 전략을 세워야 한다. 열심히 달리기 전에 가고 있는 길이 맞는 길인지 확인하며 경치도 구경하며 가야 한다.

자녀들이 공부 잘하는 사람, 성공하는 사람, 창의적인 사람으로 살아가기를 바란다면 학부모들도 만족 지연을 해 주어야 한다. 우리나라 학부모들이 자녀에 대해 갖는 만족 지연이 현저히 낮은 것이 불행을 자초한다.

미래에 멋져 보이는 사람이 되기 위해서 능률도 오르지 않는 특기를 선행하거나, 미래에 성공하기 위해서 무리하게 영어를 암기하는 것은 유아기에 의미 있는 전략이 아니다. 가끔 학부모들의 질문을 받는다. 피아노를 치고 싶다고 하니까, 영어를 배우고 싶다고 하니까 가르치면 좋지 않겠냐고 말이다. 아마도 어딘가에 숨어 있을 내 아이의 뛰어난 능력을 찾아 주기 위한 시도로 보이지만, 사실 비범한 능력은 매우 드물게 존재한다. 그보다 더 효과적으로 내 아이의 미래를 대비하는 방법은 일관성 있는 일상이다. 적어도 우리 유치원에서 생활하면 비범한 능력은 생활 속에서 발견할 수 있다.

이는 2017년 7월 7일의 기록이다.

11. 밖에서 보는 우리 유치원

나는 우리 유치원을 선택하는 학부모들이 우리 유치원이 추구하는 교육을 충분히 이해하고, 가정에서도 유아들의 교육을 일관성 있게 유지하기를 바라는 마음으로 '교육설명회'를 준비한다.

우리 유치원에 대해 충분히 설명하고자 노력하지만, 가끔 입학 후에 우리 유치원이 추구하는 교육과는 다른 것을 요구하며 우리 유치원을 그만두는 경우가 있다. 한정된 시간 안에 내가 설명하지 못한 것이 무엇인지, 혹은 좀 더 자세하게 설명해야 하는 건 무엇인지 알고자, 교육설명회에 참여한 학부모들이 유치원을 돌아보면서 교사들에게 개인적으로 질문한 내용을 정리해 보았다.

이 질문들을 보며 우리 유치원을 이미 다니고 있는 학부모들도 돌아보는 시간이 되길 바란다.

질문 1: 특별 활동을 하지 않는다고 했는데 영어도 안 하나
요? 다른 활동은 없이 숲에서만 노나요?

질문 2: 유치원이 완전 숲에 있는데 어린이들이 다치거나 하

지 않나요? 위험해 보여요. 내리막길도 있고. 숲에서
놀다가 크게 다치면 봐 주는 의료진이 있나요?

질문 3: 숲에선 다 같이 활동하나요? 아니면 각 연령별로 활
동하나요?

질문 4: 매일 밖에 나간다고 했는데, 추운 날에 나가면 감기에
걸리지 않나요?

질문 5: 여름에 벌레에 많이 물리거나 진드기 걱정은 없나요?

질문 6: 미세 먼지가 심한 날에도 숲에 나가나요?

질문 7: 초등학교 전까지 한글은 다 떼고 가나요?

학부모들이 여러 번 중복해서 질문한 내용은 위의 7가지였다.
위 질문을 보며 건물에서만 생활하는 일반 유치원과 달리 자연에서
어떻게 놀이하는지 궁금해한다는 걸 알 수 있었다. 이미 10년간의 경
험이 축적되어 자연에서의 활동이 익숙해진 구성원들은 이미 위의 질
문에 답을 알고 있겠지만, 우리 유치원을 처음 접하는 학부모라면 당
연히 궁금할 내용이다. 아래는 이에 대한 교사들의 대답이다. 교사들
이 이론과 자기 경험에 비추어 대답해 주어서 뭉클하고 감사했다.

교사 1: 숲에서 놀이하며 자연스럽게 자기 신체를 조절하고
안전하게 놀이하는 방법을 배워 나가요. 그래서 작은
생채기나 넘어져서 생기는 멍 정도 외에 크게 다치는
일은 없었고요. 교사 대 유아 비율이 높지 않아서 두
반씩 함께 활동하고 두 반의 담임 교사가 함께 유아

를 챙겨 줄 수 있어요.

교사 2: 주제에 따라 어떤 활동을 하는지, 어떤 놀이를 하는지가 달라집니다. 같은 연령끼리 모여 활동을 함께 할 때도 있고, 반별로 활동할 때도 있고요.

교사 3: 저희는 숲에 나가기 전에 장갑과 모자를 꼭 착용하고 긴소매 옷을 입고 놀이하기에 안전사고를 예방할 수 있습니다. 여름에는 얼굴 모기장이나 모기 기피제를 사용합니다. 벌 등 위험한 곤충과 관련해 안전 교육도 합니다. 저희는 유아들이 스스로 다치지 않고 놀이하는 자조능력[8]을 중요하게 생각하기 때문에 안전사고 없이 놀이할 수 있습니다.

외부 강사 수업이 있는지를 질문한 학부모들도 있었는데, 우리 교사의 대답을 아래에 소개한다.

교사: 저희는 외부 강사가 오는 특별 활동은 하지 않아요. 하루 일과를 담임 교사와 함께하고 체육, 과학 같은 활동도 전부 담임 교사가 진행합니다. 그리고 영어는 다문화 활동이라고 해서 매일 오전 중에 IB교육을 설명해 주셨던 교사와 영어로 대화를 나누는 시간이 있고, 오후에 담임 교사와 함께 주제와 관련한 영어 단어를 한글 배우듯이 자연스럽게 접해요.

내가 외부 강사의 수업을 기피하는 이유는 여러 가지가 있다. 우선 유아에 대한 이해 정도가 담임 교사만큼 높을 수가 없다. 또 유아들이 주도적인 수업을 여유 있게 진행하기 어렵다. 외부 강사 수업 이후, 놀이와 수업을 연계하기 어렵기에 유아들이 수업 내용을 자연스럽게 받아들이거나 자신의 지식으로 구성할 기회가 적다. 강사가 수업을 재미있게 진행하는 것과 유아가 주도적으로 사고하는 교수 방법을 택하는 것에는 차이가 있다. 성과에 대한 압박이 있는 한 흥미 위주로 수업을 진행해도 지시적이고 주입식 교육이 될 수밖에 없다. 그러면 교수자의 강제적인 의도로 인해서 유아들이 학습에 거부감을 갖게 된다.

학습자가 유아이기 때문에 교수자는 반드시 유아의 발달 단계와 특성을 이해하고 학습의 내용보다 학습 동기를 고취하는 방법을 적용해야 한다. 4년간의 교사 양성 과정을 거치고 정교사 자격을 받은 교사들조차도 현장에서 적용하는 방법을 연구하며 수업을 진행하는데, 외부 강사들에게 이런 것을 기대할 수 없다.

우리 유치원을 경험하지 못한 학부모들이 척박해 보이는 자연 그대로의 환경에서 유아들이 다치지 않을까 걱정하는 것은 당연하다. 이런 걱정에 대해서 교사들이 설명한 내용이 충분하여 나의 부연 설명은 필요하지 않을 정도이다. 교사들의 설명을 통해 유치원의 자연 놀이를 이해하는 기회가 될 것이다. 자연이 집이나 실내보다 위험한 것은 사실이다. 그런데 안전사고가 많이 발생하는 곳이 집 안이라는 통계가 있다. 유치원에서도 안전해 보이는 교실에서 더 많이 상처가 난다. 유아들의 주의력이 자연 속에서 살아난다는 연구 결과가 말해 주듯이 숲에서 유아들 스스로 발달에 맞는 적절한 방어 능력을 터득하게 된다. 스스로 놀아 보아야 자신의 운동 범위를 알고 위험에 대처하게 되는 것이다. 이는 누적된 교수 방법의 효과이기도 하다.

이는 2023년 10월 22일의 기록이다.

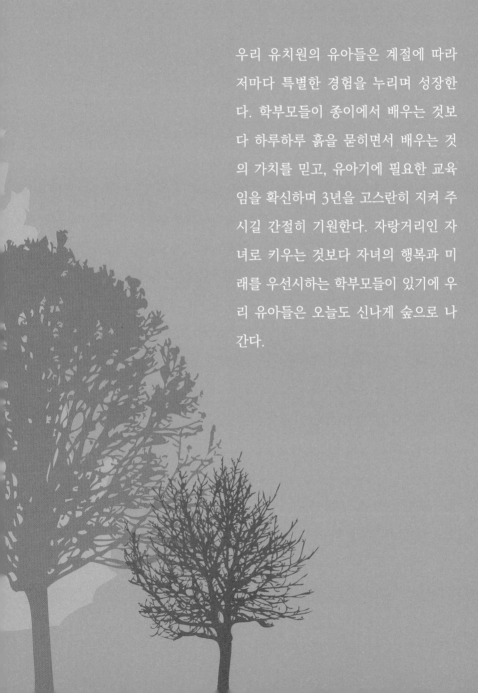

II. 우리 숲의 사계절

우리 유치원의 유아들은 계절에 따라
저마다 특별한 경험을 누리며 성장한
다. 학부모들이 종이에서 배우는 것보
다 하루하루 흙을 묻히면서 배우는 것
의 가치를 믿고, 유아기에 필요한 교육
임을 확신하며 3년을 고스란히 지켜 주
시길 간절히 기원한다. 자랑거리인 자
녀로 키우는 것보다 자녀의 행복과 미
래를 우선시하는 학부모들이 있기에 우
리 유아들은 오늘도 신나게 숲으로 나
간다.

1. 봄

1) 가지 않은 길

오늘 또 한 번의 입학식이 있었다. 졸업식을 하면서 무사히 건강하게 졸업한 어린이들에게 감사하는 마음에 늘 눈물이 난다. 새롭게 우리 유치원의 가족이 된 유아들이 고맙고, 새로운 기대가 생기기에 마음이 벅차다. 특히 이번 신입생은 40%가 졸업생이나 재학생의 동생들이 입학해서 입학식 분위기가 부드럽고 따뜻했다.

졸업생들이 부모님과 함께 동생을 축하하러 와서 "선생님, 저이제 3학년 돼요."라고 웃으며 나를 안아 주어서 기쁘고 뿌듯했다. 학부모들이 모두 편안하게 참여할 수 있기를 바라는 마음으로 올해부터 입학식을 3월 1일로 정하고 사전 모임을 줄였다. 졸업생들도 많이 만날 수 있어서 생각하지 못한 선물을 덤으로 얻었다. 졸업생이나 재학생 동생 전원이 우리 유치원에 올 수 있음은 그동안 가정이 평안하고 모두 건강했다는 것이기에 감사했다.

교육은 백년지대계(百年之大計)이다. 코앞을 보는 것이 아니라 백년을 내다보고 기다려야 한다는 것을 오래전부터 깨닫고 있었다. 미래를 보아야 하기에 교육은 진화하고 움직여야 한다. 그래서 교육은 늘 실험일 수밖에 없다. 시대 흐름에 따라서 발전하고 달라지는 유연함이 현재 우리나라 교육에 가장 필요한 덕목이다.

우리 유치원은 교육의 특성을 가장 충실히 지키는 교육을 한다고 자부한다. 적어도 이 시대의 학자들이 가장 바람직하다고 생각하는 표준을 지키는 데 충실하려고 노력한다. 우리 유아들을 통해서 여러 학자들의 이론을 실천하고 보완하면서 더 연구하고 발전할 것이다.

가지 않은 길에 대한 걱정과 미련은 늘 남는다. 미국의 시인 로버트 리 프로스트(Robert Lee Frost)는 '가지 않은 길'이란 시에서 숲속에 두 갈래 길이 있는데 자신은 사람들이 적게 간 길을 택했고, 그것이 자신의 모든 것을 바꾸었다고 썼다. 우리 유치원을 처음 선택한 학부모들과 다시 선택한 학부모들이 어떤 길보다 유아에게 아름다운 길이었음을 유아들을 통해서 느끼길 바란다. 유아들이 끝까지 길을 갈 수 있도록 학부모들이 지켜 주길 바란다.

이는 2018년 3월 1일의 기록이다.

2) 감자를 심는 것도 처음부터 내 손으로

유아기에 다양한 경험이 필요하다는 건 전공자가 아니라도 잘 알고 있다. 그런데 진정한 경험의 의미에 대해서는 전공자들조차 잘못 해석하고 있는 경우가 많다. 어쩌다 한 번 하는 경험은 사건이며 행사일 뿐이다. 진정한 의미의 경험은 처음부터 끝까지 내 손으로 해야 하며, 간격을 두고 다시 해 보며 나만의 이야기를 할 수 있을 정도가 되어야 한다. 이것이 요즘 강조되는 스토리텔링이다.

경험의 중요성을 널리 인식시킨 학자는 존 듀이(John Dewey)다.

존 듀이는 주관적 관념론을 중시한 철학자이고 교육에서는 개인적 숙달·창의·기획을 중시하였다. 일회성 견학이나 똑같은 교재를 사용하는 것을 경험이라고 생각하는 것은 잘못된 해석이다. 듀이의 철학은 많은 학자들이 박사 논문의 주제로 삼을 만큼 방대하고 어려운 개념인데 우리 유아들과 교사들이 듀이가 말하는 경험의 의미를 '아 하!' 하고 이해하도록 해 주었다.

> 교사 : 감자 심기 과정을 순서대로 말해 보세요.
> 현이 : 씨감자를 잘랐어요.
> 민호 : 싹이 보이게 심어요.
> 수지 : 땅에 있는 돌을 치워야 해요.

위의 대화는 봄 학년 유아들이 감자를 심은 후 교사와 나눈 이야기다. 이처럼 씨감자를 자르고 땅에 심는다는 것은 누구나 알고 있는 과정이지만 "땅에 있는 돌을 치워요."라는 말은 경험이 없다면 쉽게 할 수 없었을 것이다. '콩 심기 과정 이야기 나누기'에서 한 유아가 "새가 못 먹게 허수아비가 있어야 해요."라고 말했다. 닭에게 풀을 주고 있는 동생들에게 "그거 풀이 아니라 딸기 줄기 같은데? 확인한 거야?"라고 말한 유아는 작년에 그 자리에서 딸기를 따서 먹어 보았던 형님반 유아이다. 콩 심는 과정과 딸기잎을 그림으로만 보았다면 이런 말을 할 수 있었을까?

내가 이해한 바로 듀이는 경험을 중시했지만, 교육적 방치를 옹호하지는 않았다. 농부처럼 농사만 짓고 끝나는 것은 온전한 경험이 아니다. 우리 유아들처럼 회상하면서 정리하고 다양한 활동을 이어서 해야 한다. 논리와 메타 인지를 키워야 온전한 교육적 경험이 된다. 온전히 자신의 이야기를 만드는 것까지가 교육적 경험인 것이다.

산업 사회 이후 학교가 보편화되면서 학습은 많이 아는 사람이 모르는 사람에게 여러 지식을 빠르게 전달하는 것이라고 생각하게 되었다. 하지만 먼 옛날 소크라테스도 지식은 전달하는 게 아니라 스스로 깨닫는 것임을 알고 있었으며, 이는 학습을 해 본 사람이라면 누구나 공감할 것이다.

누군가가 가르치는 게 중요한 것이 아니라 스스로 배우고 깨닫는 과정이 학습이다. 이제는 사람이 만든 프로그램조차도 스스로 문제의 해결책을 찾아가는 시대이다. 사람의 학습은 무엇이 달라져야 하는지 생각해 보아야 한다. 진정한 배움을 위해서 아예 커리큘럼을 없애는 학교가 생길 거라고 예측한 미래학자들이 있는데, 이미 국가 수준 교육 과정이나 교과서를 사용하지 않는 나라들이 있다. 많은 학자들이 지금과 같은 형식의 대학이 사라질 것이라고도 한다.

지난 시간 간장을 담그면서 모두 메주에 집중할 줄 알았는데 한 유아가 간장에 넣을 마른 고추를 흔들면서 "아기 장난감 소리가 난다."라고 했다. 그 반은 모두들 간장에 넣을 고추를 흔들어 댔다. 간장은 교사들이 준비한 커리큘럼이지만 그 반은 고추 안에 무엇이 들었는지 관심이 생긴 것이다. 교사는 "고추에서 소리가 나지요? 왜 그런지 생각하고 나중에 열어서 봅시다."라고 제안하고 간장 담그기를 진행했다. 다음 날 아침 고추를 잘라 볼 수 있도록 마른 고추 큰 것을 각 교실에 준비해 놓았다. 이렇게 교육을 진행하는 건 사람만이 할 수 있는 수업이다.

이는 2016년 4월 7일의 기록이다.

3) 진달래 화전, 쑥과 메주

　숲은 무궁무진한 놀이를 준다. 우리가 아직 발견하지 못한 놀이도 많이 있을 거라 생각하는데, 우리 유치원에서 발견한 놀이만 해도 300여 개가 넘는다. 유아들 덕분에 올해도 맛있는 쑥 튀김을 먹었다. 아래는 쑥 튀김을 먹은 날 어느 반의 이야기이다. 점심을 먹고 나서 자유 선택 활동을 하는 상황에서 교사가 재우와 나눈 대화와 평가 기록을 옮겨 본다.

　　재우: 쑥 튀김 맛있다. 집에 가서 엄마한테 해 달라고 해야지.

　　교사: 그 정도로 맛있었어?

　　재우: 네.

　　교사: 우리가 직접 캔 거라서 더 맛있을걸.

　　재우: 그럼 숲 놀이터에서 쑥을 캐 가야 하나?

　　교사 기록: 재우가 채소에 거부감이 있는 편인데, 직접 캔 쑥
　　　　　　을 거부감 없이 먹고 맛있어 하는 모습을 보였다.
　　　　　　유치원의 활동으로 재우가 채소에 거부감이 없어
　　　　　　지는 모습을 계속 볼 수 있었으면 좋겠다.

어른들에게는 그저 봄나물을 캐는 활동이겠지만 유아들은 교사가 미리 촬영한 사진 카드를 가지고 나가서 쑥을 찾는다. 뒷면에 흰색이 섞여 있는 잡초와는 다른 쑥의 특징도 알아낸다. 유아는 이런 활동을 통해 변별력과 관찰력을 기르고, 자연의 고마움도 느끼고, 먹지 않던 채소도 먹는다.

이는 2017년 4월 18일의 기록이다.

봄은 유아들에게 많은 것을 보여 준다. 자연이 많은 것을 준다는 것은 이미 선각자들이 말하였지만, 나 역시 한 사람의 학습자이기에 직접 보고 경험하면서 이론들을 검증하고서야 확신했다. 나는 사실 어린 시절에 자연을 많이 접하지 못한 사람이라서 유치원의 창시자로 인정받는 프리드리히 프뢰벨(Friedrich Wilhelm August Fröbel)이나 교육의 아버지 요한 하인리히 페스탈로치(Johann Heinrich Pestalozzi)를 이해하기 어려웠다. 프뢰벨은 유치원을 아기들의 정원(kindergarten)이라고 하면서 자연과 접목하려 했고, 페스탈로치는 노년에 자연에서 농사짓는 학교를 운영했음을 그냥 지나칠 수밖에 없었다. 하지만 이제는 대학자들의 생각을 깊이 공감한다.

매년 지난 연도의 자료를 참고하여 수업을 계획하는데, 올해는 진달래 화전을 못 먹을 뻔했다. 계획된 날 전에 비바람이 유난히 많이 불었다. 다행히 가을 학년 유아들이 진달래를 발견해 구해 왔다. 이처럼 자연의 리듬에 순응하고 민감하게 반응하면서 자연이 주는 수업 자료를 잘 받아들일 수 있는 것이 좋은 수업을 구성하는 첫 번째 조건이다.

좋은 수업을 구성하는 두 번째 조건은 교사의 연구이다. 교사들은 창의적 발문(發問)9)을 연구하고 복습하고 연습한다. 무작정 지식을 전달하는 것은 연구하는 것에 비해 훨씬 쉽다. 하지만 어떤 활동에서 어떤 질문을 할지 끊임없이 연구하는 교사들이 있기에 유아들이 마음껏 관찰할 수 있고, 놀이할 수 있고, 독창적으로 표현할 수도 있다.

좋은 수업을 구성하는 세 번째 조건은 유치원 학부모들의 자신감이다. 유아들의 행복과 교육에 도움이 되지 않는 것을 과감하게 버리는 실천은 자신감 없이는 불가능한 일이다. 재롱 잔치, 눈에 보이는 학습지, 예쁜 미술 결과물만을 학부모가 원했다면 교사나 유아 모두 좋은 수업이 불가능했을 것이다.

이는 2016년 4월 9일의 기록이다.

작년에 담근 간장과 된장을 지난달부터 먹기 시작했다. 정말 먹을 수 있을지 걱정했는데 심지어 맛도 있다. 유아들이 콩을 주제로 많은 활동을 하였다. 반별로 콩밭을 만들고, 콩의 영양도 알고, 콩 노래도 부르고, 콩처럼 뛰고, 메주를 만들었다. 아래는 유아들이 불린 콩을 보며 나눈 이야기이다.

수현: 선생님, 콩이 커졌어요!
태진: 선생님, 이게 뭐예요? 껍질이 있어요.
지아: 콩이 커지니까 껍질이 작아져서 알맹이가 밖으로 나왔
      어요.

유아들은 하루 동안 불린 콩과 날콩, 그리고 삶은 후의 콩을 비교하면서 화학 변화를 알게 된다. 과학 활동으로 연계하면서 변화를 예측한다. 어렵게 말하자면 가설을 설정하는 것이다. 아래는 콩을 가마솥에서 삶으면 어떤 변화가 일어날지 예측하고 유아들이 세운 가설이다.

민호: 딱딱해져요.
도은: 변화가 없을 것 같아요.
해리: 콩이 더 뚱뚱해지나?

유아들은 점심을 먹고 나서 다시 가마솥으로 가서 삶아진 콩을 보며 대화를 나눈다.

희주: 어? 무슨 냄새가 난다.
예리: 이거 고구마 냄새 같아.
재준: 선생님, 이 콩 먹어도 돼요?
정희: 이 콩 진짜 맛있다.

유아들은 삶은 콩을 잘 먹었는데, 어떤 반은 콩을 너무 많이 먹어서 메주 크기가 작아질 정도였다. 유아들이 콩을 잘 먹을 것이라고는 생각 못 했는데, 땅콩을 심는 날에는 날땅콩이 맛있다며 절반은 먹었다. 콩으로 활동을 하면서 콩도 잘 먹게 되었고 된장국도 잘 먹었다. 가을 학년은 콩으로 젓가락 대회를 했다.

이처럼 늘 보고 먹었던 콩도 정말 많은 영역의 활동을 제공한다. 아주 오래전에 나의 은사님이 "유치원 선생은 돌 하나 가지고 한 달은 놀 수 있어야 하는 거야."라고 하셨는데 이 말씀에는 많은 교육학적 의미가 내포되어 있음을 시간이 지나고, 나의 경험과 배움이 쌓이면서 점점 더 많이 느낀다.

이는 2019년 4월 23일의 기록이다.

2. 여름

1) 콩과 감자를 캐서 바로 가마솥에

화요일에 모든 유아들이 콩과 감자를 캐서 바로 가마솥에 쪄서 먹었다. 유아들이 처음부터 심고 가꾼 작물이기에 의미가 컸을 것이다. 유아들이 풀도 뽑고 정성을 들였지만 수확에 큰 기대를 하지 않았는데 의외로 올해는 감자와 콩이 제법 알이 굵어서 유아들이 기뻐했다. "감자가 진짜 크다. 그치?"라고 하며 알뜰하게 수확했다. "선생님, 콩이 원래 이렇게 맛있었어요? 진짜 맛있어요."라며 콩깍지를 까 먹는 유아들과 제일 큰 것을 골라서 원장 선생님 드릴 거라며 챙겨 준 유아에게 정말 고마웠다. 그런데 얼마 전 전학을 온 유아 몇 명에 대해서 "확실히 차이가 많았습니다. 새로 온 유아들은 나온 결과물에만 약간의 관심을 보였고 오래 캐지도 않았습니다."라고 교사가 평가했다. 작물을 심고, 가꾸고, 캐는 과정을 즐기면 관찰력도 높아지고 작물의 생김새에 대해 자연스레 대화하게 된다. 하지만 전학을 온 유아는 결과만 확인하였으니 수확에 재미를 못 느낄 수 있다. 처음부터 긴 과정을 경험하지 못했기 때문일 테니 시간이 지나면서 결과에만 가치를 두는 습관이 달라지리라 믿는다.

이는 2016년 6월 30일의 기록이다.

2) 방학과 기후 변화

여름 방학이 끝나고 첫 주가 되었다. 아직은 사상 초유의 더위가 기승을 부리고 있지만, 우리 유아들은 건강하게 유치원에 다시 적응하고 있다. 교사들에게는 늘 짧은 방학이지만 방학이 끝나고 유치원에 오면 유아들이 부쩍 자라있음을 느낀다.

방학이라는 것은 쉼만을 의미하지 않는다. 방학은 그동안 해 왔던 모든 학습을 뇌가 스스로 정리하는 기간이다. 우리 유아들도 한 학기 동안 많은 생각과 지식을 담아 놓았기에, 유치원 일과에서 조금 떨어져서 자신의 생각을 정리하고 새로운 사고를 할 수 있도록 준비하고 온 것이 보인다.

교사들도 조금 더 충전하면 좋았겠지만, 방학 기간에 교실을 옮기고 활동안을 정비했다. 교실을 1년 동안 사용하지 않고 한 학기가 끝나면 옮기는 것도 이유가 있다. 한 학기 동안 유아들과 함께 이것저

것 전시하고 활동했던 자료들을 한 번은 정리해야 새로운 내용을 담아낼 수 있기 때문이다. 개학 후 교실에 올라가면 뭔가 허전하고 비워진 느낌이 든다. 그 주에 해야 할 핵심어 외에는 전시된 것이 별로 없기 때문이다. 하지만 한 학기 동안 채워질 내용들이 기다리고 있다. 유아들이 더 몰입할 수 있고 즐거워하는 핵심어들로 가득 채워지리라 믿는다. 이번 학기에도 유아들은 부쩍 자라서 건강하고 즐겁게 보낼 것이다.

우리 유치원 포도나무에 포도가 가득 열렸다. 이 뜨거운 여름을 잘 이겨 내어 우리 유아들이 포도를 먹을 수 있어서 정말 다행이다. 유아들이 나에게도 따다 주어서 맛있게 먹었다. 그런데 우리가 2,000그루나 심어 놓은 옥수수가 모두 햇볕에 타 버렸다. 개학하자마자 따려고 벼르고 있었는데 따지는 못하고 유아들에게 모두 타 버린 밭의 사진만 보여 줄 수밖에 없었다. 이렇게 자연과 농작물이 기후 변화에 힘을 잃어 가는 것이 안타깝다. 우리 핵심어들도 기후 변화 때문에 달라져야 할지도 모르겠다. 계획안을 한 해 한 해 조금씩 수정하고 있지만, 버섯도 비가 안 오니 별로 없어서 핵심어로 할 수 있을지 모르겠다. 이러면 앞으로 우리 활동 주제들이 완전히 달라질 것 같다.

이는 2018년 8월 16일의 기록이다.

3) 유아들의 놀이는 진화해야 한다

비가 거의 한 달간 오지 않아서 우리 옥수수를 모두 태워 버리더니 이제 정말 신나게 비가 내린다. 비 피해를 입은 곳이 있다면 너무 죄송한 말이지만 자연에 동화된 우리 유아들은 비가 오면 오는 대로 재미있는 놀이를 찾는다. 이런 유아들을 보면 감사함과 자연에 대한 경외심이 생긴다. 나는 자연의 소중함을 모르는 사람이었는데 자연의 소리는 시끄러워도 거슬리지 않는다는 것을 이제야 느낀다. 유아들이 빗소리를 흉내 내는 소리가 정말 예뻐서 기록해 본다.

선생님 빗소리 좀 들어 봐요. '투두두두두두두두' 너무 아름다워요.

(손으로 손바닥을 치면서) 두두두두두, 쉬잇, 두두두두두.

똑똑똑, 이이이이이잉, 쿠다다다당, 톡톡톡톡톡, 토도도도.

아래는 비 오는 날 기록한 한 교사의 글이 아름다워서 소개해 본다.

"유아들과 같이 빗소리를 들으려고 오전 간식을 먹고 바로 숲에 나갔다. 숲 놀이터에는 아직 아무도 나오지 않는 시간이어서 우리 반 유아들과 오붓이 빗소리를 감상할 수 있었다. 비가 아틀리에 지붕을 두드리는 소리와, 비가 나무와 모래를 두드리는 소리를 비교해 들으며 돌아다녔다. 그러다가 숲에서 내려오는 물길을 가지고 놀이를 하다 보니 물길이 어디서 오는지 궁금하다고 하여 유아들과 같이 물길을 따라 올라가 보았다. 넓은 숲 놀이터에 우리 반밖에 없다 보니 자연을 독점한 기분이 들었다. 오늘 하루만큼은 친구, 언니, 오빠, 동생들과의 상호 작용 대신 자연과의 상호 작용이 좀 더 강화된 하루였다."

똑같이 물길 만들기를 하여도 봄, 여름, 가을 학년이 다르다. 봄 학년은 교사의 도움을 청하고 막연하게 물길 만드는 것만으로도 신이 난다. 그래야 건강하고 자발성이 높은 유아이다.

> 시우: 제가 아까 봤는데 2층에서부터 내려와요! (국자를 들며)
> 우리 물길 더 만들어 봐요. 선생님이랑 나랑!
> 교사: 무슨 물길을 만들면 좋을까요?
> 시우: (물이 흐르지 않는 땅을 가리키며) 물이 안 흐르는 쪽에서
> 만들어요.

가을 학년이 되면 스스로 힘을 모은다. 협동만 하는 것이 아니라 그동안 알게 된 지식들을 동원하여 재미있는 놀이를 만들어 내는 능력이 더 많이 발휘된다. 이것이 인지적 자발성이다.

> 현이: 와! 물 엄청 많아! 우리 물길 만들자!
> 민호: (물이 하수구로 흐르는 모습을 보며) 와, 물이 여기로 다 사
> 라지고 있어!
> 준서: 그러면 필요한 물은 두고 안 필요한 물은 여기로 빠지
> 게 물길을 만들자!
> 교사 기록: 땅을 파는 유아, 판 땅에서 나온 진흙을 옮기는 유

아, 물을 하수구 쪽으로 보내는 유아가 역할을 나누어 함께 놀이한다. 모든 유아들이 물길 만들기에 참여하며 업무 분담을 하는 모습을 보였다.

놀이가 강조되면서 학부모들에게 오개념이 생겼나 보다. 유아들의 연령이 어떻든지 무작정 뛰어놀면 좋다고 생각하는 것 같다. 놀이란 정말 중요한 유아들의 삶이고 앎이지만 발달 단계에 따라서 다르게 지원되어야 하며 놀이의 방식도 달라져야 한다. 가장 우선되어야 하는 놀이는 신체적 자발성이지만, 이를 밑거름으로 사회적 자발성이 발휘되어야 하고, 가을 학년쯤 되면 인지적 자발성이 생기도록 지도해야 한다. 모든 단계에서 필요한 것은 즐거움이다.

교사가 제공하는 모든 활동들이 놀이가 될 수 있음을 최근 연구에서 알게 되었다. 교사는 유아가 직접 생각하고 실행할 수 있는 활동들을 찾도록 도와야 한다. 또 유아들의 의견을 적극 수용하는 교사의 자세는 유아들의 놀이성을 발달시킨다. 요즘 가을 학년이 '초기 국가'에 대한 수업을 하는데 유아들의 놀이가 풍성해졌다. 유아들과 교사가 함께 하는 활동에서는 사실 여부를 가리는 능력보다 추론하는 능력이 중요하다. 지식과 사실은 나중에도 얼마든지 찾거나 수정할 수 있지만, 유아기의 추론 능력은 나중에 발달시킬 수 없는 소중한 자산이 된다. 아래에 유아들이 추론한 내용을 일부 소개한다.

정수: 왕이 없는 건 사람들이 서로 돕고, 좋은 물건도 나누어 쓰고, 공평하게 하려고 그런 게 아닐까?

인영: 기름진 땅? 사람들이 농사를 지을 때 좋은 땅이 필요하니까…… 기름을 넣었나?

시후: 그게 아니지. 땅을 잘 관리하는 그런 거지. 그래, 맨날 땅을 관리한 거야.

경호: 민며느리제? 남자가 여자를 왜 데려가지? 여자가 많이 없었나? 남자들은 결혼하고 싶은데 여자들은 하기 싫은 거야. 그래서 그런 것 아닐까?

유진: 선생님, 저 아까 밥 먹다가 생각했는데, 그 높은 사람이 죽으면 그 집에 같이 사는 사람이 다 죽었잖아요! 순장 이유를 알겠어요. 하늘나라에 가서 모두 다시 만나서 행복하려고 그랬던 것 같아요.

그런데 우리 유치원에서 아무리 노력을 기울여도 즐거움과 자발성의 변화가 더딘 유아들이 있다. 가정에서 우리 유치원의 교육 철학을 받아들이기 힘들면 유아들도 변화하기가 힘들다. 정말 안타깝다. 원장으로서 최선을 다해 정확한 정보와 이론을 알리려고 노력하는데도 나의 노력이 부족한가 싶다.

이는 2018년 8월 30일의 기록이다.

4) 가게 놀이와 학습

우리 유치원은 지금 가게들이 늘어선 시장 골목이 되었다. 드디어 유아들이 가게 놀이를 시작했다. 돈을 만들고, 가게를 짓고, 물건을 진열하고, 물건을 사고파는 모든 활동이 놀이이다. 지금은 마감 할인을 한다며 할인권을 만들어서 주고 있다. 유치원에서 하는 모든 활동은 놀이여야 하고 실제 우리 유치원의 거의 모든 활동이 놀이이다. 이처럼 친근한 놀이이지만 '부모 교실' 주제를 무엇으로 할지 교사들에게 의견을 물으면 해마다 빠짐없이 '놀이'를 주문한다. 학부모들을 대상으로 놀이 인식 연구를 하고 싶지만, 모든 유아의 학부모들을 대상으로 무선 표집을 하고 놀이에 대한 의견을 모으는 작업은 엄청난 규모의 연구이기에 엄두를 내지 못하고 있다.

적어도 우리 유치원에 다니는 유아의 학부모들은 유아 놀이의 의미를 이해하고 교육에 적용하기를 간절히 바란다. 나는 진심으로 나와 인연이 닿은 유아들의 현재와 미래에 큰 도움이 되는 교육을 하고 싶다. 그것이 나의 정체성이기도 하다. 학부모의 이해와 조력 없이는 교육적 효과를 높이기 어렵다. 교사들 또한 나와 같은 마음이기에 놀이와 관련된 주제로 부모 교실을 진행하기를 제안하는 것이다.

유아들의 놀이와 유아기 이후의 놀이는 다름을 이해해야 한다. 유아기 이후의 놀이는 자신의 본업과 관계없이 즐기고, 쉬고, 건강한 상태를 유지하기 위한 것이다. 국제 연합 아동 권리 선언에서는 건강한 아동기와 청소년기를 보내기 위해서 '놀이를 할 수 있는 시간을 보장받고, 보호받아야 한다.'라고 명시하고 있다. 특히 60개월 이하 유아들의 놀이는 그 이상으로 보장되어야 한다. 유아기의 놀이는 삶 자체이며, 신체 발달, 언어 발달, 인지 발달, 사회관계 기술의 발달, 자신의 재능 계발의 초석이 되기 때문이다.

어느 학부모가 담임 교사에게 "왜 학원을 못 다니게 하냐? 공산당이냐, 내가 결정할 문제이다. 운동 발달도 싫고, 오후 간식도 싫고, 3시에 귀가시켜 달라."라고 요구하셨다는 보고를 받았다. 그 학부모 말이 맞다. 유아들이 학원에 가거나 학습지를 하지 못하게 강제하는 것은 불가능하다. 그저 우리 유치원은 유아들이 자신의 능력을 최대한 발휘할 수 있는 역량을 키워 주기 위해 권면하는 것이다.

유아들은 교육의 내용보다는 교수 방법에 영향을 더 많이 받는다. 분명히 학부모들은 유아들이 교육을 받으면 긍정적인 효과가 있을 것이라고 기대하며 투자를 할 것이다. 그러나 유아기의 교육은 내용보다 성향과 방법을 익히는 시기이기 때문에 교육의 방법을 생각해야 한다. OECD와 교육 선진국의 연구에 기반한 교육 정책을 굳이 언급하지 않더라도, 나와 교사들은 이론뿐만 아니라 경험으로 유아기의 교육은 '방법'이 중요하다는 사실을 확인하고 있다.

유아들이 생활 속 놀이를 통해서 신체 발달을 하고, 필요에 의해서 소근육을 단단하게 하고, 친구들과 놀기 위해서 언어가 발달하고, 가게 놀이를 하기 위해서 숫자 세기를 배우는 것은 자발성을 갖게 되고 동기 부여도 된다. 이것이 놀이다. 놀이는 삶이고 공부이다. 그런데 학원이나 학습지는 정해진 진도가 있고, 예체능도 익혀야 하는 내용이 있을 것이다. 이렇게 타의에 의해서 정해진 진도 자체가 유아들의 자발성과 동기 부여에 부정적인 영향을 미친다. 처음에는 재미있다고 호기심을 가졌다가도 시간이 흐를수록 내가 왜 이걸 해야 하는지 길을 잃게 된다.

유아들의 흥미와 집중력은 스스로 결정하고 생활과 밀접하게 연결될 때 극대화된다. 어떤 학부모는 놀이를 너무 주도한다. 숲 초대에서 유아와 만들기를 하면서 "이걸 붙이면 눈 같지 않잖아, 이걸로 다시 붙이자."라고 하며 열심히 참여하였다. 하지만 이는 놀이에서 결과보다 과정이 중요하다는 사실을 받아들이지 못한 것이다. 이 유아는 끝내 1년을 채우지 못하고 자퇴를 했는데, 그 이유는 '애가 너무 더러워져서 집에 오는 것이 싫다.'는 것이었다. 유아들의 놀이는 고스란히 그들의 것이어야 한다. 주도적인 놀이를 어려워하더라도 도와주기보다는 지켜보아야 한다.

　내가 이렇게 늘 강조했더니 얼마 전 유치원부터 대안 교육까지 7년을 함께하고 이제 10살이 된 어린이의 학부모가 질문을 하였다.

　"지금도 학원을 가는 것이 나쁜 것인가요?"

　발달 단계에 따라서 각자 발달시킨 능력을 발휘해야 한다. 단지 배우는 방법이나 내용이 어떠하든 스스로 받아들이고 즐길 수 있는 단계에 있을 때 해야 한다. 실컷 놀았고 제대로 놀았던 유아들은 이후에 어떤 방식의 학습을 해도 주도적으로 할 수 있다. 또는 스스로 학습 방법이 맞지 않다는 판단을 할 수 있다. 무엇을 배우든 스스로 자습할 수 있는 시간이 충분히 주어져야 한다. '놀잇감'도 놀이를 방해하는 것에 해당된다. 멋진 장난감은 내 마음대로 할 수 있는 부분이 적기 때문에 그냥 하나의 사물로 남는다. 잘 논다는 것은 놀잇감도 만들어 내는 것을 포함한다.

　이는 2022년 6월 3일의 기록이다.

5) 비가 와서 땅 파기 쉽겠다

예은: 오늘 비가 와서 땅 파기 쉽겠다.

기윤: 그러니까 오늘 많이 해야 해.

소현: 삽을 챙겨서 가자.

효리: 그런데 비가 많이 와서 물이 넘쳤으면 어쩌지? 물길이
　　　무너졌으면 큰일인데…… 무너지지 않았으면 좋겠다.

소현: 그러면 다시 막아야지. 어서 준비 운동하고 가서 확인
　　　해 보자.

효리: 서두르자!

　　위의 사례는 가을 학년이 물길 만들기를 하면서 자신들의 활동 특성을 알고 날씨와 연결해 활동 계획을 스스로 세우는 장면이다. 유아들이 이 정도로 자신의 할 일을 미리 챙기고 계획한다는 사실을 학부모들은 모를 수 있다. 유아가 자기 주도적인 활동을 하려면 스스로 목표를 정하고 실행해 볼 수 있는 허용적인 환경과, 자신이 해도 되는 행동과 하면 안 되는 행동이 일관된 규칙으로 정해져야 자신감과 자발성을 발휘할 수 있다.

　　유아들이 자기 일을 결정하고, 스스로 하고 싶게 만드는 건 양육자와 교육자의 역할이다. 미리 할 수 있는 범주를 정해 주고, 늘 같은 기준의 규칙이 적용되며, 그 안에서 여유롭게 의사 결정을 할 수 있도록 여지를 주어야 한다. 예를 들어 유아가 물장난을 쳤을 때, 어떤 때는 부모가 싫은 내색을 보이고, 어떤 때는 아무렇지 않게 웃었다면 유

아들은 물장난에 대한 자신감이 없어질 것이다. 유아가 조금 더 성장하면 추운 날이나, 물을 쏟으면 곤란한 곳에서 물장난하면 안 된다는 것을 알게 되지만, 그때는 이미 물장난에 대한 흥미도 사라지고, 물장난이 발달에 도움이 되지 않는 시기이다. 한창 물장난이 재미있고 필요한 시기에 스스로 할 수 있도록 규칙을 정하고 어디에서 어디까지 물장난이 가능한지 확실하게 알려 주면 자존감을 포함한 많은 영역의 발달에 도움을 줄 수 있다.

물장난을 예로 들었지만, 나와 교사들이 유아들의 한 학기를 정리하는 관찰 기록을 상의하는 과정에서 학부모의 기준과 기대가 매우 중요하다는 사실을 다시 한번 느꼈다. 이에 낙인, 피그말리온, 플라시보 효과와 같은 이야기를 하고 싶었다. 낙인 효과, 피그말리온 효과, 플라시보 효과 등은 사람의 행동, 발달, 정서에 심리 상태가 작용한다는 설명을 하는 심리학, 교육학 분야의 연구이다. 이 연구들의 실험 설계는 일부 비판의 대상이 되기도 한다.

그리스 신화에서 자신이 만든 여인상을 사랑하여 결혼에 성공한 피그말리온 이야기에서 유래된 피그말리온 효과는 하버드 대학 심리학과 로버트 로젠탈(Robert Rosenthal) 교수가 실험했다. 학생들 중 20%를 무작위로 지목하여 지능이 높은 학생이라고 교사들에게 공지한 후 그 변화를 보았다. 실험에 의하면 그 학생들의 학업 성적이 높아졌다는 것이다. 즉 교사들이 학생들을 믿으면 긍정의 효과가 나타난다는 것인데, 실험 기간 동안 다른 학생들이 입게 되는 부정적 영향은 비판을 받았다. 낙인 효과는 한번 나쁜 사람으로 정하면 계속 부정적으로 보이는 것이다. 플라시보 효과는 위약 효과라고도 하며 현재

약품의 사용 승인 실험에 사용하는 방법이기도 하다. 주변의 시선이나 자기 생각에 따라서 실제와 다른 효과가 나타남을 주장하는 것인데 현재는 이보다 더 나아가서 칭찬이 과하면 더는 도전하고 싶지 않아지는 연구까지 하고 있다.

한 사람이 자라는 과정에서 교육자, 양육자가 시기에 딱 맞는 기대를 해 주어야 한다는 것을 말하고 싶다. 물론 쉽지 않은 일이지만 유심히 관찰하고 발달에 대한 정보를 알고 있다면 가능한 일이다. 36개월이 훨씬 지났는데 대소변 가리기를 어려워하면 그 원인과 대책을 찾아 대응해야 한다. 그렇다고 해서 발달이 늦는 부분을 꾸중하거나 심각하게 받아들이거나 어차피 늦었다고 포기하자는 것이 아니다. 원인을 찾고 규칙을 만들어서 도와야 한다는 것이다.

또는 같은 월령의 다른 유아들보다 조금 빨리 한글을 읽고, 수 세기를 한다고 모든 발달이 빠르다는 기대와 편견은 버려야 한다. 한글 읽기와 수 세기가 미래의 학업 성취를 말해 주지 않는다. 오히려 유아기에 부담스러운 환경은 발달을 방해할 수도 있다. 할 수 있는 것을 했는데 과한 칭찬을 받고 나면 내가 못한다고 생각하는 영역에 도전하는 것이 두렵고 하기 싫어질 수 있다. 그래서 과한 칭찬은 도전 정신을 방해하고 발전을 저해한다. 그렇다고 과한 칭찬을 삼가야 한다는 것이 유아들의 성취에 무관심하자는 것은 아니다. 그저 담담하게 지켜보고 있음을 알려 주어야 한다는 것이다. "솔이가 재밌게 도전하고 있구나. 재밌어 보인다." 정도로 관심만 기울여 주는 것이 적당하다.

이는 2022년 7월 20일의 기록이다.

3. 가을

1) 수확의 기쁨

올해의 마지막 농사를 이번 주에 마쳤다. 유아들은 봄에 심고, 여름에 김매고, 가을에 수확하는 과정을 힘들지만 즐겁게 참여했다. 이번 연휴가 길어서 수확 시기를 조금 넘긴 데다가 여름에는 너무 가물어서 수확량이 예년보다 줄었다. 그래도 유아들이 그동안의 지식을 모아서 재미있는 상상을 하면서 수확했다. 아래는 고구마가 잘 뽑히지 않는 상황에서 유아들이 나눈 대화이다.

> 소윤: 어휴, 고구마가 안 나와. 왜 이렇게 안 나오는 거야?
> 도찬: 땅 밑에서 벌레들이 고구마를 가져가지 말라고 잡아당
>   기고 있는 게 아닐까?
> 소윤: 정말, 그런가 보다.

도찬이가 위와 같은 상상력을 가질 수 있었던 것은 그동안 관심을 가졌던 곤충과 고구마의 특성을 이해했기 때문이다. 이런 유아가 나중에 그림을 그린다면 얼마나 창의적으로 그리게 될까? 또 글을 쓴다면 얼마나 새로운 글이 나올까? 과학자가 된다면 어떤 새로운 가설을 찾아낼까? 우리 유아들의 지식 재구성과 창의적인 상상력에 박수를 보낸다.

고구마가 땅콩보다 깊이 있어서 힘들어하는 유아에게 교사가 도움을 주려 했더니, 정중히 고사했다고 한다. 이 유아의 이런 끈기와 도전이 훗날 자신의 일에 몰입하도록 해 줄 것이다. 모두 봄 학년 유아들의 이야기이다.

이는 2017년 10월 20일의 기록이다.

2) 놀이 달인들의 문제 해결

가을에는 자연물 구성을 만드는 시간을 가졌다. 아래는 여름 학년 유아들이 자연물 구성에 필요한 낙엽을 줍고, 활동을 준비하는 시간에 나눈 대화이다.

교사: 어머, 목공 풀은 있는데 선생님이 붓을 안 가지고 왔다.
    선생님이 교실에 다시 갔다 올게요. 기다려요.
성훈 : 선생님, 붓 말고 나무로 하는 건 어때요?
진선 : (나뭇가지를 줍더니) 이거요!
교사: 오! 이걸로 목공 풀을 칠할 수 있을까요?
성훈: 이렇게 반 자르고 여기에 풀 묻혀서 하면 되잖아요.
교사: 어머, 그러네요? 우리 친구들이 선생님보다 더 좋은 생
    각을 했네.
유아들: (찡긋하며 웃는다.) 얘들아, 얼른 붙이자!

유아들의 이런 문제 해결력은 의견이 받아들여지는 허용적인 환경일 때 가능하고, 늘 새롭고 척박한 환경을 접할 때 생겨난다.

우리 유아들은 이제 놀이의 달인이 되었다. 수 놀이 중에서 모눈종이에 좌표 그리기 놀이가 재미있었나 보다.

수아: 선생님, 오늘 집에 일찍 가고 싶어요.

교사: 왜요?

수아: 오늘 좌표 그리기 놀이를 집에서 할 수 있어서요.

교사: 그래요?

수아: 네. 빨리 집에서 이거 하고 싶어요.

교사: 유치원에서 할 수 있지 않아요?

수아: 유치원에서는 다른 놀이하고, 이건 집에서 하고 싶어요.

수아는 장소, 시간, 상황에 따라서 어떤 놀이가 적합한지 깨닫고 있다. 혼자서 놀이하는 방법도 알고 있다. 수아는 좌표 놀이를 집에서 하면 더 집중할 수 있다고 생각한 것이다. 참 기특하다. 우리 유아들은 이제 놀이를 통해서 메타 인지를 키우고 있으니 어디서 무엇을 학습하더라도 적절한 전략을 세울 것이다.

우리 유치원이 학습을 시키지는 않지만 많은 학습을 하고 있음을 이번 주제 '세계의 건축'을 하는 모습을 통해서 다시 느꼈다. 유아들이 경복궁, 피사의 탑, 에펠 탑 등 알고 있는 지식을 총동원해서 나름의 특징을 살려 협동 작품으로 만들었다. 협동하는 자세도 완벽에 가까웠다. 정말 사랑스러운 유아들이다. 유아들이 3년 동안 이렇게 달라질 수 있다는 학부모들의 확신이 있었기에 이런 성과가 나왔다.

　　우리 유치원의 교육에 신뢰가 높지 않은 학부모의 자녀는 교육적 효과가 훨씬 줄어든다는 진리를 최근 들어 더 많이 느꼈고, 그때마다 마음이 아팠다. 유아가 우리 유치원에 입학하는 순간 모두 나의 제자가 된다. 그래서 더 마음이 아프다. 부디 우리 유치원의 교육 철학에 자긍심과 신뢰를 가지고 유아를 맡겨 주시면 좋겠다. 유치원의 교육을 빛나게 하는 것은 결국 가정과의 철학적 일체감이다.

이는 2017년 11월 10일의 기록이다.

3) 와, 멋지다!

　　내가 살아온 시대는 확실히 경쟁의 시대였다. 그 시대는 지금 연간 출생 인구보다 2배 이상의 인구가 태어났다. 모두 같은 공부를 하고 같은 시험을 봐서 일렬로 서열을 정하는 것이 평등이라고 생각하던 시대였다. 그러니 당연히 경쟁에 익숙했고, 시기와 질투가 만연했다.

　　그러나 우리 유아들은 나와는 다른 시대에 살고 있다. 우리나라 학교 교육도 달라져야 하고, 경쟁보다는 상생을 위한 인성을 기르는 데 힘써야 한다. 우리 유아들이 이 사회의 주역이 될 20년 후에는 분명히 타인을 인정하고, 서로 격려하고, 도울 수 있는 마음을 가진 사람이 가장 인정받게 될 것이다. 자기 삶의 주인이 되기 위해서도 그렇게 살아야 할 것이다. 나와 교사들은 본보기가 되기 위해서 끊임없이 연습하고 노력한다. 어른으로서 인정하고 칭찬하고 격려하는 모습을 유아에게 생각과 행동으로 보여 주어야 한다. 우리가 배우지 못한 인성과 넉넉한 마음을 연습해서라도 가져야 한다. 우리는 유아를 비교하거나 질책하지 않으려 노력한다. 그 덕분인지 교사들도 유아들도 스스로 만족하고 서로 격려하는 것에 익숙해진 모습을 볼 수 있다.

요즘 가을 학년은 밖에서도, 교실에서도 집짓기에 빠져 있다. 작은 집이 아니라서 여러 날이 걸린다. 덕분에 집중, 몰입, 만족 지연이 일어난다. 또 동생들과 친구들에게 설명을 해 주니까 메타 인지 능력이 발휘된다. 여럿이 역할을 나누어서 하니까 놀이 중 가장 높은 단계인 협동 놀이를 하게 된다. 우리 유치원 교육이 추구하는 교육적 가치 대부분이 집짓기에 들어 있다.

교사: 가을 학년 친구들이 집을 만들었대요. 한번 가서 어떤
    집인지 물어보자. (모두 가서 관찰한다.)

경원: 오, 힘들었겠네?

새롬: 이거 열심히 하면 진짜 멋지겠다.

경원: 선생님, 저도 도와줘도 돼요?

교사: 네, 얼마든지요.

새롬: 저도 도울래요.

기호: 오, 호야가 만든 이글루인가 봐. 우리 거랑 조금 다른데
    사진이랑 엄청 비슷해.

새롬: 어? 이것도 멋지네! 진짜 이글루 같아.

기호: 근데 우리 거는 큰데, 이건 작아.

집짓기를 하는 모습에서 친구들을 인정하고 서로 돕는 지도자의 자질이 생긴 것을 관찰할 수 있었다. 자신들도 고생을 해 보았기 때문에 친구의 수고를 이해할 수 있다. 그래서 뭐든 스스로 해 보아야 한다. 서로 인정하고 돕게 된 우리 가을 학년 유아들이 앞으로도 계속 이렇게 살아가게 되기를 소망한다. 그러려면 학부모의 사고와 의식이 여유롭고 넉넉해져야 할 것이다. 자녀들이 실수하더라도 스스로 해 보는 기회를 많이 주고 기다려 주어야 할 것이다.

이는 2017년 11월 17일의 기록이다.

4) 국화차

가을 학년 유아들이 국화차 만드는 방법을 스스로 회상하는 시간을 가졌다. 이번에는 거의 모든 단계를 유아들이 주도하여 활동했다. 아래는 건조기에 국화꽃을 말리는 것을 호야가 관찰하는 상황이다.

호야: 선생님, 국화꽃이 땀을 흘리는 것 같아요.
교사: 그래요? 어디를 보고 그렇게 생각했어요?
호야: 꽃이 마르면서 물방울이 맺혀요. 땀 흘리는 것 같아요.
　　 사우나 왔나 봐요.

매년 국화차를 만들고 매년 김장을 하지만 해마다 달라지는 유아들의 반응을 읽을 수 있다. 이것은 나선형 교육 과정으로, 주제가 같아 보이지만 전혀 같지 않은 경험으로 깊어지는 교육 과정을 뜻한다. 우리 유치원 교육 과정은 나선형이며 총체적 경험을 중시하는 교육이다. 실패하더라도 가능한 처음부터 끝까지 유아들이 참여하도록 한다. 이렇게 점점 생각이 깊어지는 경험이 우리 유아들을 지식인으로 자라게 도울 것이다.

최근에 놀이 환경이나 현상적 놀이 연구뿐만 아니라 놀이 성향에 대한 관심이 늘어나면서 놀이성(Playfulness) 개념이 연구되고 있다. 놀이성은 유아의 놀이 행동을 유발하는 성향을 의미한다. 즉 유아가 얼마나 잘 놀이하는지 가늠해 보는 개념이다.

교육학자 바넷은 놀이성의 하위 요인별 특성을 반영하여 척도를 개발하였으며, 이 척도가 놀이성 연구의 근본적인 구조를 만들어서 유아의 놀이성을 체계적으로 조사하는데 사용될 것이라고 하였다.[10] 이 관찰 척도는 안정적이고 표준화되었지만, 시간의 흐름에 따라서 달라지는 변화를 적절하게 표현하기에는 부적합하다. 즉 놀이성은 개인 내적으로도 시간의 흐름에 따른 변화가 생기는 유동적인 성향이다. 놀이성은 불변하는 것이 아니므로 한 번의 결과로 단정해서는 안 된다.

아래의 척도는 바넷이 개발한 척도이다. 이 척도로 유아의 놀이성이 무엇인지 한 번쯤 점검해 볼 만하다. 다만 이 척도가 놓치는 것이 있다. 놀이성을 발휘하는 항목에서 위계가 나타난다는 것이다. 내가 4년간 관찰한 결과에 따르면 신체적 자발성이 늦어지면 사회적 자발성, 인지적 자발성의 발달이 더디거나 결손이 생긴다. 또한 **가 표시된 문항은 역산(逆算) 문항으로 점수가 높을수록 부정적으로 해석하는 문항이다. 가정에서도 아래의 표에 표시해 보면서 자녀가 균형 잡힌 발달을 하고 있는지 확인하면 좋겠다.

	매우 그렇다	그렇다	보통이다	아니다	전혀 아니다
1. 신체 조절을 잘한다.					
2. 활동이 많다.					
3. 건너뛰기, 도약하기, 달리기 등을 잘한다.					
4. 적극적으로 움직이는 활동을 좋아한다.					
5. 친구들과 놀이를 이어 갈 수 있다.					
6. 협동을 잘한다.					
7. 여러 사람과 놀이를 시도한다.					
8. 놀이 공간을 공유한다.					
9. 리더십이 있다.					
10. 놀이를 만들어 낸다.					
11. 놀이에 정해져 있지 않은 방법을 만들어 낸다.					
12. 놀이에서 새로운 역할을 만들어 낸다.					
13. 하나의 활동에 집중하지 못한다.**					
14. 즐거움을 표현한다.					
15. 놀이하는 동안 열정이 있다.					
16. 놀이하는 동안 감정을 억제한다.**					
17. 놀이하는 동안 노래하거나 말을 한다.					
18. 친구들과 웃긴 대화 하는 것을 좋아한다.					
19. 친구들을 기분 좋게 놀린다.					
20. 재미있는 이야기를 전한다.					
21. 친구들에게 웃기는 이야기 하기를 좋아한다.					
22. 광대같이 웃기는 행동을 한다.					

이는 2018년 11월 9일의 기록이다.

5) 숲 초대를 마치고

우리 유치원의 유일한 행사인 '가족 등반 대회'가 다치거나 아픈 유아 없이 무사히 끝났다. 정말 모두 가족처럼 느껴져서 참 행복했다.

그러나 한편으로는, 이 행사를 매년 하는 의미를 충분히 전달했는지 반성하게 되었다. 물론 우리 교사들은 모두 이 행사의 교육적 의미를 잘 알고 있다. 준비하는 동안 그 목적을 달성하고자 애썼기 때문에 모를 수가 없을 것이다. 하지만 학부모에게는 유아가 입학하는 날, 우리 유치원 교육을 설명할 때 조금 언급했던 것 말고는 이 행사를 자세히 전달한 기억이 별로 없다.

우리 유치원의 활동 중에 목표와 목적이 불분명한 것은 없다. '가족 등반 대회'도 마찬가지로 여러 목표를 가진다. 첫째, 우리 유아들이 1년 가까이 놀고 지냈던 곳곳의 추억을 가족들에게 소개하면서 공감하는 시간이다. 이렇게 스스로 자신의 활동을 설명하면서 유아들은 회상하고, 정리하며, 메타 인지 능력을 확인할 수 있다. 둘째, 유아들에게 얼마나 근력이 생겼는지, 운동 능력이 발달했는지 확인하는 시간이다. 모든 발달이 그렇듯이 지시적으로 주입해서 하루아침에 자신의 것이 되는 것은 아니다. 자발적으로 자연스러운 환경이 꾸준히 제공될 때 자신의 것이 된다. 사실 유아기의 모든 발달은 연결되어 있으므로 신체 발달도 사회성이나 인지와 밀접한 관계가 있다. 실제로 우리 유아들 중에서 사회성이나 인지 발달이 조금 늦은 친구도 시간이 지나며 자연스럽게 또래와의 간격이 눈에 보이지 않게 되었다. 이는 발달을 기다려 주는 자유로운 환경과 자연의 힘이라고 생각한다.

우리 유아들은 가족들에게 숲을 소개하고 안내할 때 필요한 이정표와 놀이 활동을 스스로 만들었다. 교사들은 유아들이 활동을 준비하도록 안내하는 역할을 했다. 그래서 그 자체가 수업이자 즐겁고 자발적인 교육의 시간이 되었다. 유아들이 기대하고 준비한 만큼 가족들에게 설명하지 못했을지도 모른다. 하지만 그 과정에서 충분히 목적을 달성하였다고 생각한다. 우리 유치원이 평소에 하지도 않던 것을 몰아서 연습하거나 반복 학습을 통한 행사를 지양하기 때문에 어설퍼 보이기도 할 것이다. 하지만 우리 학부모들은 그 뒤에 숨어 있는 진정성과 평소의 수업 활동을 짐작하셨으리라 믿는다.

이는 2016년 10월 10일의 기록이다.

이후 우리 유치원에서 매년 유일하게 진행하는 유아들과 가족의 모임은 '숲 초대'로 명칭을 바꾸었다. 첫해에는 일상적으로 많이 사용하는 '등반 대회'라는 용어를 그대로 사용했었다. 그러나 우리 유치원의 취지와 맞지 않는 용어라는 생각을 떨칠 수가 없었다. 다음 해부터 가장 적절한 용어라고 생각한 '숲 초대'라는 용어를 사용했다.

우리 유치원에서 숲 초대를 하는 목적은 유아들이 스스로 주인이 되어 부모님께 자신의 놀이와 활동 장소를 소개하는 것이다. 유아들은 이 활동을 통해서 그동안의 생활을 정리하고 복습한다. 부모님께 소개하고 대화하는 시간은 유아들이 자신의 주도적인 경험과 지식을 전달하는 메타 인지 능력을 기르는 계기가 된다. 숲 초대가 유아들에게는 이런 긍정적인 교육적 가치를 가지는데, 학부모와 교사들에게는 어떤 의미가 있을지 생각해 봤다.

- 학부모가 유치원을 이해하는 계기가 되었다.
- 학부모가 유아를 기다려 주고, 유아가 주도하는 활동을 경험했다.
- 유아들의 발달 정도를 학부모가 이해하는 계기가 되었다.
- 사전에 활동을 준비하면서 자존감이 높아지고, 활동을 설명하는 제자들을 보면서 행복했다.

이상은 교사들이 느낀 숲 초대의 가치였다. 유아들의 성장을 보면서 보람을 느끼는 계기가 되었나 보다. 학부모들이 유아들과 교육에 대해 어떤 생각을 하는지 대화를 나눌 수 있어서 나에게도 의미가 있었다. 학부모들과의 대화 중에서 보람을 느꼈던 이야기를 적어 본다.

- 우리 아이가 장난감을 더 이상 사 달라고 하지 않아요.
- 주변에서 어떻게 하면 아이를 이렇게 키울 수 있냐는 이야기를 많이 들어요.
- 다른 아이들과 있을 때 보면 확실히 달라요. 예쁘게 말하고 행동해요.
- 우리도 아이들과 함께 배우고 있어요.

유아들과 교사들이 숲 초대를 스스로 준비하는 동안 그 시간이 좋은 시간이 되길 바라며 내년도 기대를 해 본다.

이는 2019년 10월 10일의 기록이다.

6) 기부 음악회를 마치고

오늘 벌써 6번째 이어 오는 기부 음악회[11]를 보면서 내가 과연 의미 있는 교육을 하고 있는지 돌아보았다. 처음 유치원 교육 과정을 구성할 때부터 지금까지 무슨 활동이든 유아들에게 의미 있는 활동인지 확인하고 또 확인하겠다고 다짐했었다. 다른 교육 기관이 모두 하는 행사나 교육이라도 우리 유아들의 발달에 도움이 안 되거나 의미를 찾지 못하면 따라 하지 않을 것이며, 그동안 해 오던 활동이라도 불합리한 것들은 과감히 그만두겠다고 다짐했었다.

대학에서 교육 과정을 강의할 때, 자성 없이 답습해 오는 학교 행사들을 학생들과 연구하던 학기가 있었다. 대표적인 것이 체육 대회 혹은 운동회, 재롱 잔치나 학예회 같은 행사였다. 일제 강점기에 학교가 도입되면서 상당히 정치적인 목적이 담긴 행사들도 같이 우리나라에 도입되었음을 알게 되었다. 이제는 없어졌지만, 학교에서 군사 훈련을 시키는 교련 과목이 존재하던 시절도 있었다. 그렇다고 지금 학교 상황이 그때에 비해서 많이 나아졌다고 안심하기에는 아직 이르다. 명칭만 보아도 경쟁을 부추기고 잘하는 것에만 의미를 두는 듯한 '대회'라는 용어를 많이 쓰고 있으니 말이다.

우리나라 교육에는 학습자의 입장이 아니라 교육적 가치와는 다른 의도를 가진 성인들의 입장에서 만들어진 내용들이 곳곳에 남아 있다. 예쁜 옷을 입고 부모님들 앞에서 발표하는 것은 학습자들에게 어떤 의미가 있을까? '부모님 기쁘게 해 드리기'와 '무대에 서 보는 경험 갖기', 이 두 가지 정도일 것이다. 그 의미만 가지고 하기에 재롱 잔치는 학습자들의 희생이 너무 크다. 수업의 결손을 감수하고 연습을 해야 하며, 힘든 과정을 참으면서 교사와 갈등해야 하고, 그러는 과정이 길어지면 내가 왜 하는지도 모르면서 노래와 춤을 연습한다. 영어로 발표를 하는 곳도 있는데 그 행사가 끝나면 바로 잊어버린다고 자녀들의 경험담을 이야기하는 학부모도 있었다.

우리 유치원에서 기부 음악회를 시작한 것은 우리 교육 과정에 '나눔과 배려'라는 주제를 진행하면서부터였다. 처음에는 우리가 어떻게 하면 어려운 친구들을 도울 수 있을지 이야기를 나누다가 기부 음악회를 하는 것까지 발전했다. 유치원에서 작게 할까 하다가 더 넓은 곳에서 무대에 서는 경험까지 가지면 좋겠다는 생각이 모였다. 지금은 유치원 근처의 공원에 있는 야외무대에서 음악회를 한다.

기부하는 일도 많은 시행착오를 겪었다. 처음에는 작은 선물을 모아서 보내기로 했는데, 우편료만 50만 원이 나온다는 사실을 몰라서 매우 비효율적인 나눔이 된 적도 있었다. 그래서 이제는 유니세프에서 어려운 친구들에게 주는 선물을 골라 그만큼씩 기부하기로 방법을 바꾸었다. 그 과정에서 유아들과 생각하고 대화할 거리가 많아져서 나눔의 의미가 더 풍성해졌다. 유아들이 물, 의약품, 생필품, 학용품 등 다양한 선물 중에서 하나를 선택하여 왜 그 선물을 보내고 싶은지 자신의 생각을 발표하고, 서로의 이견을 조율하는 과정도 거쳤다. 또 유아들이 어떤 친구들을 돕고 싶은지 이야기하면서 세상에는 여러 가지 이유로 아픔을 겪는 친구들이 있음을 알게 되기도 했다.

각 반에서 그동안 배운 노래 중에서 가장 좋아하는 노래를 골라 틈날 때마다 연습했다. 유아들은 기부 음악회의 의미를 이야기하면서 나눔과 배려를 알고, 자신들이 왜 노래를 부르는지 이해하게 된다. 유아들이 연령별로 이야기를 나누는 수준은 다르지만, 3년을 이어 가는 주제이기에 우리 유아들이 가을 학년이 되면 훨씬 세련된 생각과 대화가 가능해지는 것이다.

　　오늘 기부 음악회에 오신 학부모들이 각 학년별 유아들의 노래를 들으며 기부 음악회에 담긴 의미도 생각하면 좋겠다. 학부모들은 유아들의 유치원 생활을 늘 함께할 수 없기에 하나의 활동에도 많은 교육적 의미가 있음을 느끼지 못할 수도 있다. 기부 음악회 활동에 대해 나누었던 유아들의 이야기 중에서 몇 가지 문장을 소개하고자 한다. 굳이 내가 해석을 하지 않아도 유아들의 생각을 알 수 있을 것이다.

　　희주: 구충제가 뭐예요? (선생님의 설명을 들은 후에) 그럼 구충
　　　　　제를 꼭 보내야겠어요.
　　미래: 선생님, 근데 먹을 것이 없으면 주변에서 구하면 되잖
　　　　　아요. 물도 못 마셔요?
　　성호: 그럼 진짜 아무것도 없네. 우리가 먹을 거를 줘야겠다.
　　지아: 노래 부를 때 햇빛 때문에 눈이 부셔서 불편했어요.
　　율이: 엄마, 아빠가 율동을 따라 하고 있어서 좋았어요.
　　준서: 많은 사람들한테 노래를 들려주고 재미있었어요.

　　유아들 나름의 경험이 담긴 진실한 생각을 알 수 있었다. 경험이 없었다면 느끼지 못했을 이야기들이므로 유아들의 오랜 준비가 이런

생각을 이끌어 낸 것이다.

이는 2019년 10월 28일의 기록이다.

7) 도토리 선생님

아래는 숲에서 2인 1모둠으로 나누어 자연물을 가지고 스토리 텔링 수 놀이를 하는 상황이다. 우리 유치원의 숲 놀이터는 가을이 되면 도토리가 후드득 소리를 낼 정도로 많이 떨어진다. 유아들은 다람쥐가 먹어야 하니 깍정이만 가지고 놀이하고 도토리는 그대로 숲에 두고 온다. 아래는 유아들이 숲에서 도토리로 수 놀이를 하는 모습이다. 가을이 유아들에게 정취만 주는 것이 아니라 학습 자료도 제공해 준다.

솔지: 하나, 둘. (다시 한번 숫자를 세어 본다.) 맞아!

교사: 자, 다시 도토리를 12개만큼 세어 보세요.

호승: 하나, 둘…… 열…….

솔지: 십일, 십이! 친구야, 십 다음에는 십일이야! 일, 이, 삼, 사, 똑같아!

호승: 응. 십일, 십이, 십삼.

교사 기록: 10에서 15 사이의 작은 수로 스토리텔링 수 놀이를 했는데, 요즘 숫자 세기가 재미있는지 조금 더 큰 수까지 세는 모습이 보였다. 다음번에는 지금

보다 조금 더 높은 숫자를 시도해야겠다. 호승이는 10까지 세는 것도 어려웠는데, 친구들이 앞의 숫자는 그대로 고정이고 뒤의 숫자만 일, 이, 삼 순서로 다시 진행하는 걸 깨닫게 도와주어, 스스로 수를 세어 보려고 노력하는 모습이 보였다. 솔지는 수를 셀 때 반복되는 부분을 인지하고 있는 모습이 보인다. 친구에게 알려 주고 함께 수 세기를 하며 사회관계 기술도 성장하는 모습이 보였다.

정말 멋진 상호작용이다. 교사가 아닌 친구이기에 더 효과적으로 깨달았을 것이다. 친절하게 가르쳐 주며 놀았던 친구도 평소보다 많은 사회관계 기술을 터득하게 되었을 것이다. 이것이 교육 심리학자 레프 비고츠키(Lev Semenovich Vygotsky)가 말하는 '유능한 또래'이다. 유능한 또래는 일방적인 것이 아니라 상호 작용에 따른 서로에 대한 이해와 신뢰를 바탕으로 한다. 숫자를 조금 더 빨리 이해한 유아는 친구에게 이를 설명하면서 사회관계 기술이 늘고, 친구에게 숫자 규칙을 들은 유아는 놀이 과정에서 쉽게 수 세기를 터득한다. 이런 관계의 기회를 만들어 주는 것이 유아 교육에서 성인의 역할이다.

이는 2019년 10월 31일의 기록이다.

4. 겨울

1) 김장이 남겨 준 것

오늘 드디어 김장이 끝났다. 모두 힘들었는데, 특히 우리 주방은 전쟁터여서 많은 인력이 투입되었다. 어른들이 하면 금방 될 일을 매년 유아들과 3일씩이나 걸려 행사를 하는 이유가 무엇인지는 유아들의 반응을 보면 알 수 있다. 유아들은 3년 동안 3번의 김장을 경험한다. 올해 처음 유치원에서 김치를 담가 본 봄 학년 유아들은 어땠을까? 다음은 봄 학년 교사들의 기록이다.

> 교사 1: 김장 활동 이후 배추김치는 입에도 대지 않던 수빈, 유리, 바다가 맛있게 세 번 더 받아먹는 모습을 보였다.
> 교사 2: 평소 먹던 김치 양의 세 배는 더 먹어 처음으로 김치가 부족했다.

이처럼 유아들은 처음부터 오래 정성 들여서 자신이 직접 활동을 하면 애착과 통찰이 생기고 거부감이 없어진다. 아래 글은 두 번째 김장 경험을 한, 여름 학년 유아들의 대화이다. 봄 학년 유아들의 경험과 또 다름을 알 수 있을 것이다.

--김치를 버무리기 전에 나눈 대화--

소진: 배추에 김칫소 바르는 거는 봄 학년일 때 했던 건데?

한별: 그래서 더 잘하는 거야.

소진: 선생님, 김칫소를 손에 잡아서 배추에 바르는 거지요?

교사: 모두들 잘 알고 있네요. 우리가 작년에 했을 때는 김칫소를 배추에 너무 많이 발라서 김치가 금방 물렁물렁해지고 물이 많이 생겼대요.

소진: 그러면 이번에는 조금만 발라요?

교사: 맞아요.

소진: 그런데 이거 다 하면 어디에 보관해요?

한별: 나 알아. 김치를 땅에 묻어.

--버무린 김치와 함께 한 점심시간의 대화--

소진: 선생님, 이거 오늘 우리가 담은 김치예요?

교사: 네, 방금 우리가 김칫소를 바른 그 김치예요.

한별: 진짜요? 김치가 정말 맛있어요.

세리 : 근데 조금 짜다.

소진 : 밥이랑 고기랑 김치랑 같이 먹으면 안 짜.

세리 : 정말? 그렇게 먹어 봐야지.

여름 학년 유아들은 작년의 경험을 기억한다. 이것도 쉬운 것은 아니다. 보통 유아들은 지나간 1년 전 기억을 떠올리기 어렵다. 이전에 했던 활동에 대해서 흥미를 잃는 것이 아니라 더 잘할 수 있게 되고, 새로운 생각과 방법도 나누게 된다. 유아들은 이런 경험을 통해서 메타 인지 능력을 기르고, 앎에 대해 스스로 복습하고, 익히고, 새로운 방법을 생각해 내는 사고력을 갖는다.

가을 학년이 되면 동생들에게 각자 김장 방법을 설명하러 간다. 무엇인가를 설명한다는 것은 자신의 지식을 최대한 정리하고 생각해야 가능한 일이다. 또한 설명하면서 듣는 사람을 배려하는 마음도 갖게 된다. 아래는 가을 학년 유아들이 동생 반에 가서 김장하는 방법을 설명하는 상황이다. 가을 학년 한솔이가 설명하는 과정에서 배추를 네 등분하는 과정이 나왔다.

> 한솔: 너희들, 4등분이 무슨 말인지 아니? (동생들이 대답하지 않자, 한솔이가 벽돌 블록 4개를 꺼내 동생들 앞에 내려놓고 모아 두었던 블록을 옆으로 펼치며 설명했다.) 이렇게 하나로 있던 게 4개가 되는 거야.

위와 같은 교사의 관찰 기록을 보면서 나도 깜짝 놀랐다. 가을 학년 유아들이 설명을 잘할 거라 생각했지만, 동생들의 발달 정도까지 배려하여 도구를 활용할 거라는 기대는 하지 않았다. 이런 설명을 들은 동생들은 교사와 대화하면서 더 잘 기억하게 되었다고 한다. 몇 가지 보이는 것으로 김장의 교육적 가치를 찾아보았지만, 유아들은 앞으로 또 다른 방법으로 김장 놀이를 승화시킬 것이다.

이는 2016년 11월 17일의 기록이다.

이어서 2019년의 김장 기록은 다음과 같다.

벌써 김장을 해야 하는 계절이 되었다. 6년 동안 매년 11월 셋째 주 목요일에 했었는데 올해는 한 주 늦게 담그게 되었다. 날씨가 너무 따뜻해서 지난주에 할 수가 없었다. 일시적인 날씨 변화이길 바라지만 기온이 점점 높아지고 있는 것은 아닌지 걱정된다. 우리 가을 학년 유아들은 기온에 따라서 김장을 하는 시기가 달라지는 것을 경험했기에 날씨 변화를 민감하게 받아들일 것이다. 나 역시도 유치원에서 자연과 함께 시간을 보내면서 기후와 계절의 변화에 민감해졌다. 나보다 자연 변화에 민감한 우리 유아들에게 김장은 여러 의미가 더 생기는 활동이 될 것이다.

이번 김장을 하면서 느낀 점 두 가지를 말하고자 한다. 하나는 지식을 설명하는 방법이 넓어진 교사로서의 성장이다. 또 하나는 처음부터 끝까지 총체적으로 접근하면서 지식을 지혜로 담아내는 학습자의 성장이다. 김장에 담긴 사실과 역사를 설명하는 과정을 놓고 교사들과 긴 시간 토론했다. 지식을 전달하는 방법은 여러 가지이다. 짧은 시간 안에 많은 사실을 전달하기 위해서는 일방적으로 설명하면 된다.

- 춥고 긴 겨울을 지내기 위해 여러 사람이 모여 많은 양의 김 치를 담그는 것이 김장이에요.
- 김장 문화가 협동, 나눔, 전승이라는 소중한 가치로 이어졌 어요.
- 유네스코에서는 한국의 김장 문화를 소중한 무형유산이라 고 인정해서 2013년부터 세계 무형유산으로 지정해 보호

하고 있어요.

이렇게 설명하는 것이 교수자 입장에서 김장에 대한 사실을 전달하는 가장 빠르고 정확한 방법이다. 그러나 학습자가 지식으로 받아들이고 기억에 남기려면 자신에게 의미 있는 직접적인 행동과 참여가 있어야 한다. 학습자는 받아들이는 정보와 지식을 일시적으로 해마에 저장한다. 그중에 의미 있는 기억을 각각의 뇌 영역에 맞추어 장기 저장한다는 것이 최근까지 연구된 뇌 과학 이론이다.

단기 저장된 기억이 의미 있는 기억으로 남기 위해서는 반드시 자신이 참여하는 절차가 있어야 한다. 그렇기에 우리 유치원의 활동은 더디고 미련해 보이는 비효율적인 방법으로 진행된다. 수 개념을 이해하려고 100개가 넘는 자연물을 세어 보기도 하고, 한글을 자연스럽게 익히고자 글자와 일상의 관계 맺기에 집중하기도 한다.

교사와 유아 모두 오래 걸리는 방법으로 접근하면서 더디고 힘들었지만 그렇게 터득한 지식은 쉽게 잊어버리지 않고 지혜로 이어진다. 반면 앉아서 듣기만 했던 지식들은 지혜가 되기 어렵다. 유아들이 김장을 3일에 걸쳐 했지만 김장과 관련한 활동들은 2주 이상 진행했다. 처음부터 끝까지 각자 연령에 맞추어 총체적으로 김장에 대해서 접근한 경험은 우리 유아들에게 지혜가 되어 줄 것이다. 교사들의 기록을 보면서 올해도 김장이 유아들과 교사에게 의미 있는 주제였음에 감사한다. 아래의 내용은 교사들의 기록이다.

교사 1: 오늘은 평소보다 김치와 반찬을 더 많이 먹는 모습이 관찰된다.

교사 2: 한 유아가 "아, 너무 많이 바르면 안 된다고 했지!"라고 말하며 바른 김칫소를 덜어냈다. 김칫소를 적당히 넣어야 한다는 이야기를 기억해서 실천한 것이다.

교사 3: 유아들과 숲에서 자연물로 지역별 김치를 만들며 김치의 특징을 찾았다.

교사 4: 김장하는 순서와 방법을 형님들과 함께 알아본 후, 유아들이 스스로 순서를 알아맞혀 종이에 붙이며 김장에 대한 기대감을 높이는 모습을 볼 수 있었다.

교사 5: 자신이 만든 김치의 맛이 궁금했는지 유아들이 손에 묻은 양념을 살짝 맛보는 모습이 보였다.

실습 교사: 유아들이 김장할 때, 모든 재료가 준비되어 있어서 배추에 김칫소만 바르는 것이 아니라 배추를 심는 과정부터 스스로 해 보는 경험이 중요하다는 것을 알게 되었다.

이는 2019년 11월 22일의 기록이다.

2) 겨울까지 기다린 가치

한글을 읽고 쓰는 것은 단순한 기술이라고 여러 번 전달했다. 봄 학년 유아들도 어느덧 도형 감각과 문해가 많이 성장하고 발달하고 있다. 문해 능력은 자신과 관계없는 내용으로 한글을 깨치기보다 적재적소에서 의미를 이해하며 한글을 알아 갈 때 발달한다.

아래는 어느 봄 학년 교사의 기록이다. 전이 활동[12]으로 오늘 활동명에서 아는 글자 찾기 활동을 하고 있다.

시운: ('인'을 가리키며) 인디언 할 때 '인'.
정후: ('표'를 가리키며) 표고버섯 할 때 '표'.

유아들이 아는 글자를 이야기할 때 유치원에서 경험한 글자를 이야기하는 걸 알 수 있다. 우리가 했던 활동을 중심으로 글자를 알아 가고 있는 것이다. 유치원에서의 활동들이 유아들의 문해 능력에 도움이 됐다는 것이 관찰되어 뿌듯함을 느낀다. 오늘은 거기에 더해서 교사들이 자긍심을 가진 점도 고마웠다. 교사들이 우리 유치원의 교육이 유아들에게 바람직하다고 느끼며, 이론으로만 배웠던 내용을 실천하는 방법과 판단하는 눈이 생겼다는 것이 중요하다. 교사는 그냥 직업이 아니다. 요즘 교사를 직업인으로 해석하고 교사들 스스로도 자긍심을 느끼지 못하는 것은 기다려 주지 않는 결과 위주의 조급한 시스템 때문이라고 생각한다. 교육은 꾸준히 길게 기다려 주어야 하며 교사들에게도 자긍심을 느낄 여유, 격려와 멘토가 필요하다.

이는 2016년 11월 26일의 기록이다.

우리 유치원의 학부모들은 기다림을 통해서 유아들과 함께 성장하고 있다는 연구 결과를 얻었다. 연구 대상 학부모들은 유치원을 다닌 지 1년에서 3년이 된 유아들의 부모였다. 유치원 초기와 다르게 유아들을 기다려 주는 가치를 알아 가게 되었음을 알 수 있었다. 우리 유치원은 교재를 사용하지 않으며 결과지나 남들에게 보이는 작품에 연연하지 않는 특성이 있으므로 유아의 학습 결과를 빠르게 확인하기가 어렵다. 하지만 다른 곳의 유아들과 어울리는 모습, 가정 내에서 달라진 이야기를 전해 들으면서 뿌듯한 교육의 가치를 느낀다. 내가 기억하는 몇몇 학부모들과의 이야기를 아래에 소개한다.

> 부모 1: 세준이가 말을 되게 늦게 뗐어요. 그런데 요즘에 애가 쉬지 않고 말을 하는 거예요. 아이를 기다려 주는 게 중요하다는 것을 느끼죠.
>
> 부모 2: 그렇죠. 결과적으로 보면 이렇게 천천히 가는 것이 훨씬 빠르죠. 우리나라 애들이 미국에 가면 수학 같은 경우는 여기서는 꼴등을 하던 애들도 1, 2등을 해요. 3, 4년치를 미리 앞서서 교육을 하더라고요. 하지만 내가 대학을 다니면서 느낀 것은 '창의적인 생각과 스스로 학습하는 방법은 하루아침에 익히기 힘들다'는 것이었어요. 어릴 때 빨리 학습할 필요가 없어요. 충분히 생각하면서 천천히 가는 것이 길게 보면 맞아요.
>
> 부모 3: 이 유치원이 좋다는 것을 깨닫는 건 좀 오래 걸리지요. 영어 유치원이나 영어 학원에 보내는 애들은 영어 배운다고 자랑해요. 저도 사실 좀 불안했어요. 그런데 자세히 들어 보니 우리 아이가 그 애들보다 더 많은

것을 느끼고 성장하고 있다는 자신이 생겼어요.

이는 2016년 11월 26일의 기록이다.

3) 눈이 오는 아침

오늘은 예상보다 더 많은 함박눈이 내리는 아침이었다. 이런 날은 자동차를 이용하지 않고 모두 모일 수 있는 마법이 있었으면 좋겠다는 엉뚱한 상상을 한다. 유아들은 눈을 좋아할 테고 놀거리가 풍성해져서 무척 설레겠지만, 유아들이 유치원까지 오는 길이 걱정되는 날이다.

등원길이 힘들까 걱정했는데 결석한 유아의 수가 평소와 다르지 않았다. 이렇게 등원하기 힘든 날 대중교통까지 이용해서 유아들 등원을 도와주는 학부모들의 마음이 정말 감사하다. 학부모들은 내 아이가 즐겁게 놀기를 바라는 마음으로 고생을 감수했을 것이다. 재미있게 놀이하는 유아들을 보면서 무슨 일이든, 무슨 상황이든 늘 좋기만 하거나 나쁘기만 한 것은 아니라는 생각을 하게 된다. 1년간 오늘을 위해서 버리지 않고 모아 두었던 큰 자루를 이용해 유아들이 썰매도 타고 눈사람도 만들며 놀이를 한다. 유아들이 신기할 정도로 알뜰하게 눈을 이용하는 바람에 순식간에 눈이 없어지고 말았다.

유아들은 놀아야 한다는 진리를 모두 의심 없이 받아들이지만, 근거에 대한 확신이 없기 때문에 슬쩍 놀이를 방해하기도 한다. 유아기에는 운동을 해도 놀이의 조건을 모두 갖추고 있어야 하며, 어떤 학습을 해도 놀이가 되어야 한다. 놀이의 조건에는 스스로 하고 싶은 놀이 하기와 즐겁게 몰입하기가 있다. 그런데 스스로 하고 싶은 놀이를 알아채기가 쉽지 않다. 때로는 하고 싶다고 했다가 금방 흥미를 잃기도 하는데, 이것을 과연 스스로 하고 싶었던 놀이라 볼 수 있을까? 아니다. 어떤 외부 자극 때문에 하고 싶은 놀이라고 잠시 오인한 경우일 것이다. 스스로 하고 싶은 놀이를 만들어 주는 건 정말 어려운 과제인데, 해결책은 늘 '자연'에 있다.

　　많은 학자들이 자연에서의 놀이를 주장하지만 나는 그것이 옳다고 경험하지 못했기 때문에 자신 있게 설명할 수 없었다. 전에는 "루소가 자연으로 돌아가라고 말했습니다.", "뇌 과학자들도 자연의 경험을 강조하고 있습니다."라고 3인칭으로 강의했었다. 그런 강의를 듣는 학생들이 얼마나 진심으로 받아들일 수 있었을까? 반성하게 된다. 이제는 내가 느끼고 깨달았기에 이론을 좀 더 생생하게 설명할 수 있을 것 같다. 수업에 자연을 활용하는 것은 변화무쌍하고 예측 불가능의 효과가 있음을 우리 학부모들도 시간이 흐르면서 느끼고 있는 듯하다.

이는 2018년 12월 13일의 기록이다.

4) 교사의 이론적 지식과 경험

　　겨울 활동 중 내가 중요하게 생각하는 게 있다. 교사들이 새 학기 유아들을 맞이하기 전에 내가 가장 신경 쓰고 강조하는 점이기도

하다. 교육 이론이 교육 현장과 다르지 않으며, 현장에서 이론적인 교수 방법들을 적용할 수 있음을 느끼게 하는 것이다. 교사들의 그런 능력은 인식의 변화와 습관으로 길러져야 한다. '교육학 개론, 교사론, 운영 관리, 건강 교육, 장학, 부모 교육, 아동 발달, 생활 지도, 교육 과정, 교육 심리, 교육 공학, 교육 평가' 등은 유아 교육 혹은 교육을 전공한 사람들에게 익숙한 교과목이다. 유치원에서 원장의 역할은 모든 유아 교육 전공과목을 아우르는 범주라고 할 만큼 다양하다. 나는 이 과목들을 강의도 하고, 교재도 썼지만, 현장에서 실천하기란 쉽지 않았다. 이론적으로 잘 정리된 사고를 하고 지식을 전달하는 것은 변수가 별로 없지만, 현장에서는 사람과 상황에 따라서 변수가 작용하기 때문이다. 그만큼 사람은 각각의 성향을 가지고 있으며 매 순간 특이 상황이 발생할 수 있다.

하지만 교사는 어떤 상황에서든 이론적으로나 논리적으로 설명 가능한 행동과 판단을 해야 한다. 막연한 경험만으로 실천적 지식을 만들어 내면 근거 없는 확신을 하게 되고 이런 상황들이 교육을 비전문 분야로 보이게 만든다. 학부모 중 유치원 교사를 했던 분들이 우리 유치원과 합의점을 찾지 못하는 경우가 종종 있다. 이는 대표적으로 경험이 이론을 앞서 자신만의 경험이 최선이라고 인식하기 때문이다.

이론적 지식은 논리적이고 일관된 행동의 바탕이 된다. 이를 바탕으로 교육 신념이 완성되고 현장의 돌발 상황에서도 논리적인 태도로 해결하는 힘이 생기는 것이다. 앞서 서술한 원장으로서의 많은 업무는 법적으로 명시된 업무도 있으므로 모두 책임이 따른다. 그런데 나는 법적인 책임이 있는 업무보다는 강제성이 없는 업무에 더 큰 비중을 둔다. 사실 법적 강제성이 있는 업무는 오히려 명확한 기준을 갖는다. 그러나 강제성이 없는 업무는 수행하는 사람의 역량을 더 많이 요구한다.

원장 업무 중에서 내가 가장 중요하게 생각하는 업무는 교사 연수이다. 내가 유아들을 위해 할 수 있는 가장 큰 역할은 유아를 지도하는 교사들이 이론에 기반을 둔 실천적 지식을 쌓아 가도록 돕는 것이라고 생각한다. 유치원이 유아들을 위해 존재하듯 원장의 업무도 유아들에게 가장 좋은 교육을 위한 업무가 우선되어야 한다는 것이 원장으로서의 신념이다. 유아들에게 교사는 교육을 위한 최고의 수단이다. 그렇기에 교사들이 정확한 판단을 할 수 있는 이론을 실제와 연결해서 체득할 수 있게 돕는 것이 내가 유아들을 위해 할 수 있는 가장 중요한 업무라고 생각한다. 연수 시간에 다른 유치원 교사들이 우수 사례를 발표하는 것을 지켜보니 심각하다는 생각에 아래와 같이 기록을 남긴다.

- 유튜버가 꿈이라는 유아가 많다고 스마트 기기를 제공한다는 어느 유치원 교사의 사례 발표를 들었다. 이는 절대 해서는 안 된다. 영유아기에 스마트 기기를 사용하면 교사가 금방 눈치챌 정도로 유아들의 집중력과 지적 동기가 떨어진다. 유아들은 20년 후 사회의 주역이다. 따라서 20년 후를 내다보는 교사가 되어야 한다. 눈앞의 유행을 교육이라고 생각한다면 이는 바람직하지 않다. 세상이 어떻게 달라져도 적응하고 도전할 수 있는 인성을 키우는, 기본에 충실한

유아기의 과제를 교사들이 알고 실천해야 한다.

- 놀이의 자유를 위해서 책상에서 뛰어내리고, 친구를 방해하는 행동들을 허용하는 교사의 사례 발표를 들었다. 유아의 의견을 존중한다는 명분으로 유아의 부적응을 허용하는 것은 사회관계 기술을 망친다. 놀이할 때도 지켜야 할 행동 규범은 지키도록 해야 한다.

- 유아들이 좋아하는 것을 반복하도록 허용하고 기록만 한다는 사례를 들었다. 유아들에게 새로운 활동을 소개하지 않으면 발달을 촉진할 수 없다. 새로운 놀이를 만들어 낼 수 있도록 새로운 자극(음악, 미술, 운동, 질문, 새로운 주제 등)을 만들어 주는 것이 교사의 역할이다. 유아들의 놀이는 감정 순화 기능만 하는 것이 아니다. 놀이를 통해서 새로운 세상을 만나고, 지식을 얻고, 실험하고, 모든 발달을 이루어 가는 과정이므로 놀이는 학습 기능도 해야 한다. 유아들의 일시적인 흥미는 가치 있는 놀이가 아니므로 지속되지 않을 수 있다. 공룡, 만화 등의 단순한 관심을 허용하는 것은 다소 지루하지만 가치 있는 지식을 사고하는 것에 방해가 된다. 엘사 옷을 좋아해서 공주처럼 꾸미는 '엘사 day'를 정한다는 사례 발표도 있었다. 유아들의 일시적 흥미를 이용하고, 성 역할의 교육적 가치에 대한 의식이 없는 태도이다.

이는 2022년 2월 4일의 기록이다.

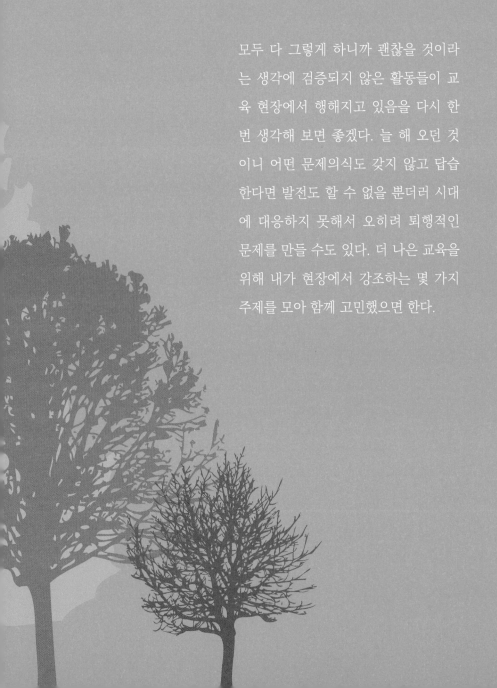

III. 지금 이대로 좋은가

모두 다 그렇게 하니까 괜찮을 것이라
는 생각에 검증되지 않은 활동들이 교
육 현장에서 행해지고 있음을 다시 한
번 생각해 보면 좋겠다. 늘 해 오던 것
이니 어떤 문제의식도 갖지 않고 답습
한다면 발전도 할 수 없을 뿐더러 시대
에 대응하지 못해서 오히려 퇴행적인
문제를 만들 수도 있다. 더 나은 교육을
위해 내가 현장에서 강조하는 몇 가지
주제를 모아 함께 고민했으면 한다.

1. 급식

1) 모두 함께 생각할 급식 문제

○○○ 초코케이크 8일 오후 5시 기준 55개 급식소 2,161명에 달한다. 전국 학교, 유치원 171곳에 납품하여 더 지켜봐야….

매일경제 2018.9.8.

이번 주 교육 이야기를 다른 내용으로 썼다가, 위의 집단 식중독 기사를 보고 학교와 유치원 급식에 대한 글로 바꾸었다. 이런 집단 식중독 사태는 급식 단가에 식재료와 식단을 맞추는 게 가장 큰 원인이라 생각한다. "어떻게든 단가에 맞추어 준대요." 우리 영양 교사가 이렇게 말했다. 어떻게 그럴 수 있냐고 했더니 단체 급식용 식재료 주문 창을 보여 주었다. '햄버그스테이크'만 해도 우리가 구매하는 다짐육의 15% 단가부터 50% 단가까지 있었다. 가공 과정을 거친 식품이 더 저렴한 이유가 궁금해서 1봉지를 시켜 보았다. 그 햄버그스테이크에 기계발골육이라는 성분 표시가 있어서 찾아보고 그런 고기가 있다는 사실을 처음 알게 되었다. 영양 교사가 "한번 만들어 볼까요?"라고 하는데 비위 상하니 그냥 버리자고 했다. 더 자세한 설명은 이 지면에 쓰지 않으려 한다.

납품 재료는 급식 사고만 없다면 현행법에 저촉되는 사안이 아니다. 그러나 성장이 왕성한 시기의 학생들에게 안전성 기준 이하라고 해도 첨가물이 들어 있는 음식을 마음 놓고 제공해도 될까? 왜 학교 급식을 더 저렴한 재료로 만들어야 할까? 당장 눈에 보이는 식중독보다 미래에 더 무서운 결과를 초래할지도 모른다. 언제 제2의 가습기 살균제 사태가 터져도 이상한 일이 아니라고 생각한다. 급식을 모범적으로 운영한다는 모 공립 유치원이 학부모에게 공개한 식단을 보았다. 지면 관계상 2주 식단만 소개하며, 내 마음에 들지 않는 반조리, 완조리, 냉동 반찬을 **굵은 글씨**로 표시해 보았다.

조각서리태콩밥 미역국-황태 사태**김치찜** **숙주맛살무침** 방울토마토 **딸기생크림케이크**	기장밥 **물만둣국** 뼈없는닭갈비 머위들깨볶음 **나박김치** 바나나	볶음밥-**치킨** 콩나물국 **단무지무침** **소떡소떡** **배추김치** 수박	혼합잡곡밥 두부된장찌개 콩나물부추무침 **캠핑모둠구이 (돈육, 소세지)** **배추김치**	잡곡밥5 **햄모둠찌개** 애호박새우살볶음 임연수어카레구이 **총각김치** **꿀떡**
차조현미밥 얼갈이배추된장국 **편육** 삼색겨자냉채 **배추김치** 수박	찹쌀밥 **참치김치찌개** 청포묵무침 고등어구이 **깍두기** 포도	기장밥 팽이버섯실팟국 **어묵**야채볶음 **떡갈비** **배추김치** 수박	찰보리흑미밥 **어묵국** **햄감자채볶음** 코다리땅콩강정 **배추김치** 방울토마토	잡곡밥 오징어뭇국 **미트볼케첩조림** 숙주미나리무침 **깍두기** 포도

　교사들이 "김치는 왜 표시했어요?"라고 물었다. 우리 유치원에서는 구매하지 않는 '김치류'가 함께 공개된 식자재 구입 내역에 있음을 보더니 교사들이 금방 이해했다.

　그럼 이번 사건의 책임은 누가 지나? 급식조차 하청에 재하청을 하는 현실은 우리 사회의 병폐를 보여 주고 있다. 교육자가 아닌 업체가 만들어 낸 교육을 하거나, 안전한 식재료 사용과 요리 과정의 고민 없이 싸게 만들어 제공하는 일 모두 교육자들의 배임이라고 생각한다. 학교에서 일어난 사건은 교장(원장)이 최종 책임자라는 것이 내 생각이다. 교장이 책임을 지게 되면 사다 먹이는 급식은 안 된다고 주장할 수도 있을 것이다. 우린 사립이라서 원장의 권한으로 교비로 지출을 하지만 공립은 그럴 수 없으니 정책이 바뀌어야 한다. 전국적 유통망을 통해 공급하는 먹거리는 생산지에서 소비자의 식탁에 오르기까지 이동하는 거리인 푸드 마일리지가 길고, 건강과는 거리가 먼 식자재라고 정치권도 발표를 했으니 이번 기회에 바뀔 수 있을까?

　나도 22년 전 처음 유치원에서 급식을 시작했을 때 '왜 이것까지 책임져야 하나?' 생각했었다. 그러나 연구 보고서들을 통해서 세계적으로 교육 안에 급식이 들어가 있음을 깨달았다. 유치원, 학교의 급식이 유아들의 평생 입맛, 건강, 성향까지 바꾸는 중요한 교육이라는 연구들을 지지한다. 교육 선진국 중에는 식재료를 가까운 곳에서 준비하고, 심지어 8학년 이상의 학생들이(우리나라에서는 중학교 2학년 이상) 직접 조리를 배우며 급식을 함께 준비하기도 한다. 우리 유치원에는 급식 원칙이 있다. 이는 입학 때 공유하는 내용이다. 공장을 거쳐서 오는 식재료는 '두부, 식용유, 우유, 치즈' 외에는 없다. 그런데 식단표만 보고 "다 비슷하다."라고 말하는 사람들을 보면 안타깝다.

　식재료를 모두 원재료로 조리하면 어떤 어려움이 생기는지 소개한다.

　첫째, 인건비와 재료비가 높아져 급식 단가가 높아진다. 우리 유치원 급식 단가가 '무상 급식'의 취지를 흐린다고 가격을 낮춰서 보고하라거나, 정말 영양 교사까지 6명이 근무하는지 확인하는 실사를 나오기도 했다. 최저 시급은 천정부지인데! 위에 식단표를 소개한 공립 유치원은 영양사를 제외한 조리원이 2명이었고, 500명 급식을 조리원 2명이 준비하는 유치원도 있으며, 영양사가 상주하는 사립 유치원이 우리 유치원 말고는 없으니 모두들 우리가 의심스러운가 보다.[13]

둘째, 음식에 설탕, 조미료 등을 사용하지 않고 반제품을 쓰지 않으니 조리장은 자신의 손맛 때문에 해고를 감수해야 한다.

셋째, 기후에 따라서 식재료 수급에 문제가 생긴다. 이번 폭염으로 국내산 당근의 공급이 중단되어 잠시 안 먹기로 했었다.

넷째, 전처리에 손이 많이 가서 고기, 채소, 국, 김치, 과일 이상의 더 많은 종류의 음식을 해 줄 수가 없다.

마지막으로 원재료를 사용하면 원장과 영양 교사가 모든 책임에서 빠져나갈 곳이 없다. 그럼에도 불구하고 난 급식도 교육이니 내가 옳다고 믿는다.

이제 부모나 언론도 빵을 작게 잘라 주었다고 양만 지적할 것이 아니라 어떤 빵인지, 꼭 사다가 제공해야 하는지 질적인 고민을 해야 한다. 소시지도 없고 달지도 않은 음식을 동일 조건으로 비교해서 위의 식단을 제공하는 공립 유치원보다 쌀은 3배, 축산물은 2배(한 끼에 돼지갈비구이 25kg ♬) 먹어 주는 우리 유아들이 대견하고 고맙다.

이는 2018년 9월 9일의 기록이다.

2) 식습관과 발달

우리 유치원에 처음 다니는 유아들 중에는 밥을 깨끗하게 싹싹

긁어 먹는 유아들이 있다. 아마 어디에선가 그렇게 배웠을 것이다. 그런 유아들은 먹는 것을 즐기지 못하는 경우가 많다. 물론 깨끗하게 먹는 것이 중요한 습관이긴 하지만, 덜 먹더라도 억지로 먹지 않고 건강한 식습관을 즐길 수 있기를 바란다. 유아기에 먹고 싶지 않은 것을 억지로 먹어서 음식에 대한 부정적인 인식을 갖게 된다면 후일 식습관에 나쁜 영향을 미칠 수 있다. 누가 지켜보지도 않는데 좋아하지 않는 음식을 먹는 사람은 드물 것이다. 영양이 과잉되어 문제가 발생하는 시대에 적당히 필요한 만큼만 먹는 습관이 오히려 도움이 될 것이다. 교육청, 조리사들, 납품 업체에서 우리 유아들이 유달리 많은 양을 소비한다고 놀란다. 그 이유를 산에 다니며 활동량이 많았기 때문이라고 생각했는데, 강요하지 않는 환경의 영향이 더 크다는 생각을 하게 된다.

이는 2016년 6월 30일의 기록이다.

지금도 싫어하는 음식을 억지로 먹이지 말자는 생각은 변함이 없다. 하지만 오늘은 식습관에 대해 조금 달라진 내 생각을 이야기하고자 한다. 내가 처음 교사로 일했을 때 유아들은 유치원에서 간단한 간식만 먹고 오후 1시 이전에 귀가했다. 그러나 세계적인 추세가 학교 급식을 당연한 것으로 받아들이기 시작하면서 유치원까지 급식이 자리를 잡았다. 이전에는 유아들이 부모님과 너무 오래 떨어져 있는 것은 정서와 건강에 바람직하지 않다는 것이 연구의 흐름이었고, 유치원에서 일찍 귀가하고 가정에서 주로 시간을 보내는 것을 자연스럽게 받아들였다. 하지만 지금은 유아기의 기관 교육을 적극적으로 연구하고, 그 중요성이 강조되는 추세이다.

급식을 해야 한다면 명분이 명확해야 한다는 것이 내 생각이다. 유치원이 식당업을 운영하는 것도 아니고, 배고픔만 달래면 되는 일시적인 급식소도 아니므로 교육 기관다운 목표가 있어야 한다. 그래서 유치원을 개원하기 전에 여러 연구를 찾으며 고민했었다. 유아기에 학업을 할 수 있는 기초적인 뇌 구조를 만드는 것, 모든 발달의 기초가 되는 신체 발달과 정신 건강을 위한 교육을 하는 것이 유치원의 목표인 것처럼 내가 세운 급식의 목표는 '평생 건강한 식습관의 기초 다지기'이다. 식습관의 가치를 몸으로 느끼기도 어렵고, 병이 생긴다고 해서 식습관이 문제라고 단정 지을 수도 없다. 그렇기에 그동안의 연구 결과를 토대로 유아들의 건강을 지키기 위한 최선의 식습관을 정할 수밖에 없었다.

이런 급식의 목표를 이루기 위한 실천 강령을 자연식품(가공하지 않은 재료)의 사용, 저염·저당 조리법, 육류와 채소의 균형 등으로 정했다. 이렇게 급식을 하면서 편식하던 음식도 조금씩 먹어 보면 유아들의 식습관이 개선될 수 있다. 유아기 편식은 특정 음식만 좋아하기, 특정 음식만 안 먹기, 음식에 대한 무관심으로 나눈다. 유아기 이전에는 후각이 성인보다 더 민감하여 특별한 향에 대해 거부감을 가질 수 있다. 하지만 차츰 경험을 누적하면서 거부감을 줄여 나가야 한다. 예를 들어 오이만 못 먹는다면 그럴 수도 있지만 모든 채소를 안 먹는다면 분명 영양적인 문제가 생긴다. 예전에 나는 편식을 반드시 고쳐야 하는지에 대한 고민을 했었다. 지금은 유아기에 반드시 편식을 고쳐야 한다고 생각한다. 앞서 밝힌 영양적인 불균형 외에도 건강, 사회관계, 인지 발달 속도의 부진이 편식과 관련이 있음을 현상적으로 관찰하게 되었고, 유아기의 식습관이 얼마나 중요한지에 대한 연구를 찾게 되었기 때문이다.

유아기에 갖게 된 인식을 바꾸기란 쉽지 않기 때문에 유아기의 성향은 어떤 것이든 치우치지 않고 균형을 잡는 게 매우 중요하다. 편식 행동은 유아가 예민하고 정서적으로 불편하게 느끼는 심신 상태에서 더 많이 나타나고, 그로 인해 민감함이나 스트레스의 악순환이 계속되는 사례를 밝힌 연구들이 있다. 유치원 시기를 넘어가면 다른 발달과 마찬가지로 편식 식습관 성향도 고치기 어렵다. 유치원에 입학하는 순간부터 서서히 균형 잡힌 식습관 성향을 기를 수 있도록 가정에서도 함께 지도해야 한다.

유아기의 식사 지도는 단순한 음식 먹기나 배불리기가 아니며, 중요한 교육의 기초라는 것을 알고 가정에서도 적극적으로 교육해야 한다. 음식에 대한 무관심을 없애기 위해서 유아는 스스로 먹어야 한다. 유치원에 입학한 유아가 혼자 먹지 못한다면 정상 발달을 기대하기 어렵다. 특정 음식에 대한 선호나 거부를 없애기 위해 늘 천연 식재료를 제공해야 한다. 당장 입맛에 맞지 않아서 적게 먹더라도 좋아하는 음식이나 자극적인 공장 식품을 먹는 것보다 훨씬 유익하며, 차츰 건강한 식습관을 갖는 기초가 된다. 유치원의 다른 교육처럼 서서히 건강한 식습관이 자리를 잡으면 편향되지 않는 건강한 발달을 할 수 있고, 먼 후일 건강한 성인으로 살아가게 될 것이다.

이는 2021년 9월 1일의 기록이다.

2. 칭찬

1) 당근

'보상'은 적극적인 칭찬 방법 중 하나이다. 보상 혹은 상은 일단 상황이나 지위의 상하 관계를 인정하는 것에서 출발한다. 처벌이 인권에 반한다는 생각을 하게 되면서 많은 사람들은 처벌 대신에 보상과 상을 동기 유발의 도구로 활용했다. 그러나 나는 의도대로 다른 사람을 움직이고자 하는 점에서 보상과 상도 처벌 못지않게 인권에 반한다고 생각한다. 그뿐만 아니라 최근의 연구들은 보상과 상이 사람들의 내적 동기를 사라지게 만들며 수동적으로 움직이게 한다는 것을 밝히고 있다. 그렇지만 우리는 아직도 보상이나 상에 대한 막연한 믿음이 있다.

2010년 11월 〈EBS 교육 대기획 학교란 무엇인가〉라는 10부작 다큐멘터리 프로그램을 방송했었다. 그중 '칭찬의 역효과' 방송에서 다음과 같은 실험을 진행했다. A와 B, 두 유치원에서 유아 7명을 대상으로 야채 주스를 마시게 했다. A 유치원 유아들은 330ml, B 유치원 유아들은 375ml를 마셔, 마시는 양에 큰 차이가 없었다. 다음 날부터 A 유치원은 유아들이 야채 주스를 잘 마실 때마다 칭찬 스티커를 붙여 주었다. 그러자 첫날 마셨던 330ml의 네 배 가까운 1,275ml의 야채 주스를 유아들이 마셨다. 그렇게 일주일이 지났다. A 유치원은 이제 야채 주스를 마셔도 칭찬 스티커를 주지 않기로 했다. 그러자 유아들이 마시는 야채 주스의 양은 655ml에 그쳤다. 유아들은 처음에 칭찬 스티커를 받기 위해서 야채 주스를 마셨지만 후에는 그 효과가 반감된 것이다.

B 유치원은 유아들에게 칭찬 스티커를 주지 않고 꾸준히 야채 주스의 맛을 음미하면서 마실 수 있도록 독려했다. 그러자 첫날 375ml에서 일주일 후에는 1,110ml의 야채 주스를 마셨다. 칭찬 스티커를 받아서 하루아침에 1,275ml를 마셨던 A 유치원은 일주일 후 칭찬 스티커를 주지 않자 650ml 정도밖에 마시지 않았으나, 내적 동기로 독려했던 B 유치원은 꾸준하게 마시는 양이 늘어난 것이다.

위의 실험에서 나는 우선 연구 윤리를 생각했다. 칭찬 스티커가 부정적인 작용을 할 것을 알았다면 유아에게 이런 실험을 해서는 안 되었다고 생각한다. 일정 기간은 분명히 야채 주스 마시기에 영향을 미칠 것이기 때문이다. 어쩌면 평생 영향을 미치게 될 수도 있다. 원래 야채 주스 마시기는 유아들에게 긍정적인 활동이다. 그렇기에 두 집단이 차이 나는 교육을 의도적으로 시행한 것은 연구 윤리에 어긋난다.

그럼에도 의미 있는 실험이기에 연구 윤리를 잠시 차치하고 생각해 본다면, 어떤 경우에도 보상은 나쁜 것일까? 아닐 수 있다. 만일 유아가 야채 주스를 입에 대지도 않고 거부한다면 일단 시도라도 하기 위해 주는 작은 보상은 효과를 거둘 수도 있다. 하지만 이는 최후의 선택일 뿐, 보상이 야채 주스를 즐기게 만드는 가장 좋은 방법은 아니다.

인간은 상황에 따라 적응을 한다. 그렇기에 처음에 야채 주스

마시기에 의미를 두었어도 보상이 주어지면 원래의 목적보다 보상에 집착하게 된다. 이것이 보상의 시작 자체를 조심해야 하는 이유이다. 칭찬이나 보상을 했다가 철회하면 처음보다 못한 결과를 얻는다. 철회하지 않더라도 같은 강도의 보상은 효과가 반감된다. 그 강도의 보상에 적응해 버렸기 때문이다. 시험을 잘 보아서 스마트폰을 바꾸어 주었다면 다음 시험에 효과를 보기 위해서는 더 큰 것을 걸어야 한다.

그래서 무엇이든 원래의 목적에 집중하고 즐거움을 느낄 수 있도록 지도하는 것이 가장 효과적이며 끝까지 좋은 결과를 얻을 수 있다. 쉽지 않은 일이지만 교육하는 사람들은 생각해 봐야 할 문제이다. 어떤 행동을 유도할 때 흔히 채찍과 당근이라는 비유를 많이 쓴다. 하지만 난 학습자가 '말'이라고 생각하지 않기 때문에 가능하면 솔직한 대화로 설득하고 스스로를 독려할 수 있도록 하는 것이 최선이라고 생각한다. 시간의 효율을 따지면 채찍과 당근이 훨씬 효과적으로 느껴질 수 있다. 그러나 이후에도 지속되길 원한다면 천천히 내면에서 우러나는 변화와 행동 자체의 목적에 주목해야 한다. 야채 주스는 그 맛에 익숙해져서 건강을 위해 챙겨 마시자는 원래의 취지가 잘 살아날 수 있도록 해 주어야 한다.

이는 2020년 5월 20일의 기록이다.

2) 칭찬의 기술

칭찬하는 방법의 적절성에 대해서 5년간 '교육 이야기'에 많이 썼었다. 칭찬에 대한 연구들은 30년 이상 이루어졌고 이미 현상적으로도 증명이 되었기 때문에 칭찬은 교육에 원칙처럼 적용되어 왔다. 2020년 대한민국 교육부 자료에서 칭찬에 대해 언급한 것을 발견했다. 교사들을 위한 자료인데 역시 우리나라답게 정답이 제시되어 있었다.

우리 유치원은 '잘했다.', '예쁘다.'라고 칭찬하지 않는다. 이런 교육 안내에 대해서 어떤 교사와 학부모는 이해하기 어렵다고 하며 왜 그래야 하는지 질문한다. '칭찬은 고래도 춤추게 한다.'라는 말을 믿는 것이 아직은 보편적인 인식인 것 같다. '잘못을 꾸짖는 것'이 교육이라고 생각하던 단계에서는 칭찬을 확산시키는 것이 시급했을지도 모르겠다.

칭찬은 상대적으로 힘을 가진 사람이 힘이 약한 사람에게 할 수 있는 언행이다. 우리나라 문화에서는 어른에게 "참 잘했어요."라고 하지 않는다. 왜 어른에게 하면 안 될까? '잘했다.'라는 말에는 수직적인 관계를 인정하는 의미와 평가의 의미가 담겨 있기에 어린 사람이 어른에게 잘했다고 하는 것은 실례가 될 수 있다. 어른이 어린이에게 잘했다고 하더라도 기준을 제시하는 것이 논리적으로 맞지만, 보통은 그렇게 하지 않고 간편하게 친절을 표현하는 방식으로 활용한다. 결국 "잘했어."라는 말은 듣는 이에게 도움이 되지 않으며 오히려 상처가 될 수 있다.

수직적 관계든, 수평적 관계든 칭찬을 하면 어떤 일이 생긴다는 것인지 실례를 들어 설명하고자 한다. 3살, 5살 남매의 이야기이다. 이 두 유아 모두 부모님의 지극한 관심과 보살핌 속에서 성장했는데,

자존감이 낮은 편이고 새로운 일에 도전하는 걸 꺼리는 성향을 보였다. 그렇다고 부모님이 두 자녀를 비교하거나 편애하는 것도 아닌데 동생은 "난 그림 못 그려요."라고 말하며 시도하려 하지 않았고, 누나는 "엄마, 이거 해도 돼요?"라는 말을 자주하고 의존적인 성향을 보인다는 것이 학부모와 교사들의 공통된 의견이었다. 원인이 무엇일까?

결과에 대한 막연한 칭찬 때문일 확률이 높다. 그림을 잘 그리는 누나에게 "유진아, 그림 잘 그렸다. 유진이 그림이 최고야."라고 칭찬하는 것을 옆에서 들은 동생은 자신의 그림과 비교했을 것이고, 도전할 의욕이 줄어들었을 것이다. 또 늘 동생보다 잘해서 칭찬을 듣고 싶은 누나는 어머니에게 의존적으로 확인하고 행동하게 된 것이다. 부모님은 남매를 비교하거나 나쁜 말을 하지는 않았지만, 자존감에 부정적인 영향을 미쳤을 것이다.

이럴 때 누나의 그림을 보고 어떻게 말하면 좋을까? 이제 실천의 문제가 남는다. 우리 유치원의 경력이 많은 교사에게 "선생님은 이제 과정을 격려하는 것이 어렵지 않으시죠?"라고 물었더니. "잘했다는 말이 나오지는 않지만, 가끔 표현이 막힐 때는 있어요."라고 하였다. 우리 역시 아직도 많은 연습이 필요하다는 것을 실감했다.

'그림 그리는 상황'이라는 전제로 교육부 자료를 이용해서 연습해 보자.

예시 1: 우리 미선이에게 칭찬 박수를 쳐 주자. '짝짝 짝짝짝',
　　　공주님 박수.
의견: 이렇게 하면 미선이는 자존감이 올라가고 도전적인 사

람이 되는 것이 아니라 친구들에게 평가받는 것 때문에 늘 긴장해야 할 것이다. 이 시대에 공주 같다는 표현을 쓰는 정도의 편견을 가진 교사는 없으리라 믿고 싶다.

예시 2: 진수야, 훌륭한 그림을 완성했구나.

예시 3: 너희들도 미선이 그림을 보았니? 역시 우리 미선이가 최고야.

의견: '훌륭한'이나 '최고'는 기준이 필요한 용어이다. 진수나 미선이는 다음에도 이렇게 훌륭한, 최고의 그림을 그려야 한다는 부담을 갖게 되며 다른 친구들은 이 두 친구들에게 경쟁심, 시기심을 갖거나 그림을 그리고 싶은 의욕이 없어지게 될 것이다.

예시 4: 시우가 오랫동안 그림을 그리는 것을 보니까 그림 그리기에 최선을 다하고 있는 것 같구나.

의견: 위의 칭찬은 해답에 'O'라고 표기되었지만 '최선'을 다하고 있다는 표현은 재고할 필요가 있다. 오래 그리는 것과 최선은 동일시할 수 없는 가치이며, 반드시 그래야 하는 것도 아니기 때문이다.

가장 적절한 동기 부여는 ①"네 느낌은 어때?", ②"무엇을 그리고 있는지 얘기해 줄래?", ③"도현이가 오랫동안 그림을 그리고 있구나." 등의 말을 해 주는 것이다. ①번처럼 현재 상황을 관찰하고 그대로 묘사해 주는 표현이나 ②번처럼 주관적인 느낌을 말하거나 물어보는 표현, ③번처럼 관심을 기울이고 있음을 느끼게 하는 "지난번과 다르게 오늘은 바탕색을 꼼꼼하게 칠해 주었네." 등의 표현이 가장 무난한 관심의 표현이며 동기 유발이 된다. 이럴 때 유아들은 스스로의 역할이 존중받고 있으며, 자신이 가치 있는 일을 하고 있다고 생각하게 된다.

이는 2021년 5월 3일의 기록이다.

3. 생각을 바꾸자

1) 피해자와 가해자

나는 유아나 아동에게 '피해자'나 '가해자'라는 표현을 사용하지 않는다. 성인의 보살핌을 받아야 하는 시기에 어떤 형태로든 바람직하지 않은 상황에 놓이면 모두 피해자이다. 가정에 있는 시간이면 양육자가 책임지고 돌보아야 하고, 교육 기관에 있는 시간이면 교육 기관에서 책임지고 돌보아야 한다. 우리 유치원은 유아들끼리의 분쟁이 거의 없다. 유아들을 대상으로는 설문 조사를 못 하니 선행 연구를 토대로 그 원인을 추측하였다. 충분한 바깥 활동, 적은 인구 밀도, 주입식 학습을 지양하는 수업 방식, 놀이성을 강화하기 위한 노력, 자발성을 강조하는 교육 방법, 발달 단계에 맞는 인성 교육 등이 모두 종합적으로 작용한 결과라고 생각한다.

유아들은 놀다가 조금씩 다치기도 하고 친구의 말에 상처를 받기도 한다. 그럴 때 유아들의 말에 너무 지나친 걱정을 하는 학부모들은 이런 상황들을 폭력, 왕따로 확대하여 해석하기도 한다. 매스컴을 통해 심각한 학교 폭력, 왕따 기사를 보았기 때문에 생긴 인식이다.

물론 유아가 대인 관계에서 부적절한 성향을 보일 때 지도하지 않고 방치하면 미래에 걱정하던 문제가 생길 수도 있다. 오늘 이야기하고 싶은 것이 바로 이것이다. 유아기의 행동에 대해서 어떻게 대처해야 이후 학교 폭력에도 적절하게 대응할 수 있을지 이야기하려 한다.

학교 폭력으로 자살하는 문제가 대두되어 사회적 관심이 쏠리던 2012년, 학교 폭력 대책 위원회, 징계 강화 등을 골자로 2008년에 제정된 '학교폭력예방 및 대책에 관한 법률'(약칭 '학폭방지법')이 전면 개편되었다. 당시 내가 근무하던 서울 교대로 연구 용역이 들어왔고, 학교 폭력에 대한 연구를 하게 되었다. 연구하며 놀랍고 충격적인 일이 많았지만, 유아 교육 전공자인 나는 초등학교 1학년부터 여아들의 왕따가 시작된다는 사실에 집중했다. '유치원에서부터 조짐이 있지 않았을까?', '전조 현상은 무엇일까?', '채워 주어야 하는 것은 무엇이지?' 등 여러 고민을 하게 되었다.

유아기는 '학교폭력예방 및 대책에 관한 법률'에도 해당하지 않는다. 성적인 문제조차도 바라보는 시각이 달라야 하고, 다르게 이해해야 한다. 유아들의 행동은 인식, 지식의 부재와 호기심으로 시작되었을 확률이 높다. 사회적으로 용납될 수 없는 행동을 할 때, 적절한 대안을 제시하고 지도해 주면 바른 습관을 형성하고 사회적 행동 양식을 익히게 되므로 교육적 관점에서 접근해야 한다. 모두 교육이 필요한 유아이기에 피해나 가해에 집중해서는 안 된다.

2012년 나의 연구 결과에 의하면, 부모는 학교 폭력을 있는 그대로 보는 것이 아니라 확대 해석 혹은 축소 해석을 하는 경향을 보였다. 이는 부모의 감정 코칭 요인 분류와 매우 비슷했다. 감정을 확대 해석하거나 축소 전환하는 것이 학교 폭력의 인식에서 그대로 드러났는지도 모르겠다. 유아들은 자라서 학교 폭력의 당사자가 될 수 있다. 직접적인 행위를 하지 않더라도 목격을 하는 방관자 역시 학교 폭력의 피해자이다. 부모는 자녀의 든든한 상담자, 대화 상대가 되어 주어야 한다.

학생들을 상대로 연구한 인터뷰에서 부모나 교사에게 말하지 못한 이유를 묻자, "해결해 주지 못할 것이고, 오히려 흥분해서 저만 더 힘들어질 것이니까요."라고 답했다. 부모나 교사가 "정말 힘들었겠구나, 함께 힘을 모아서 해결 방법을 찾아보자. 어떻게 하면 좋을까?", "너를 얼마나 힘들게 했니?"라고 포용하는 자세로 들어 주고 차근차근 해결책을 찾아가야 한다. 흥분하거나 "네가 평소에 무시당하게 행동하니까 그렇지." 등의 비난을 하는 것은 누구에게도 도움이 되지 않는다.

물어보는 방법도 마찬가지다. "○○이가 오늘도 괴롭혔지?"라는 말처럼 '예.', '아니요.'로 답하는 폐쇄성 질문은 피해야 한다. 이는 이미 답을 정해 놓고 물어보는 것이다. "○○이가 매일 때렸다고 했잖

아. 맞지? 똑바로 말해야 해." 등 협박하는 식의 편파적인 질문을 해서도 안 된다. "당장 그 아이 혼내 줄게." 등의 계획 없는 행동이나 말을 하면 신뢰를 얻을 수 없다. 일단은 힘들어하는 자녀에게 공감해 주고, 함께 대화하며 등하교를 하는 등 힘든 시간 동안 곁에 있어 주어야 한다.

부모도 유아기부터 미리 연습해야 갑작스러운 상황에 적절한 대응이 가능하다. 문제가 생겼을 때 모두에게 득이 되도록 해결하는 현명함은 어느 날 갑자기 생기지는 않는다. 내 자녀가 괴롭힘을 당한다고 생각된다면 열린 마음으로 들어 주고, 동시에 관찰과 해석이 필요하다는 것을 잊지 말아야 한다. 우리 유아들의 인성 활동 주제 중 하나인 '양쪽 이야기 모두 듣고 판단하기' 연습이 어른도 필요하다. 기관에서 벌어진 유아들 사이의 분쟁을 부모끼리 사과하라거나, 연락하라는 식으로 해결하는 것은 교육적으로 매우 부적절한 조치일 뿐만 아니라 책임을 떠넘기는 무책임한 행동이므로 교육적으로 해결해야 한다는 것이 우리 유치원의 방침이다. 이와 비슷한 교육부 연수 자료가 2021년에 나왔다. 유치원 현장에서 유아들끼리의 분쟁에 합리적으로 대응하기 위해 처음으로 자세한 매뉴얼이 나온 것 같다. 여기서도 '가해 유아'라는 용어 사용을 하지 않아야 한다고 명시하고 있는 점은 반가웠다.

이는 2021년 6월 30일의 기록이다.

2) 대화해 보겠습니다

학교 폭력에 대한 나의 연구를 보고 한 교사가 "고등학교와 대학교에서 하는 학교 폭력 예방 교육에는 방관자도 가해자라고 했는데 교수님은 피해자라고 하시네요?"라고 질문했다. "법령 그대로 해석하면 그렇겠지요. 하지만 정말 무섭고 막무가내인 학생이 반 친구를 괴롭힐 때, 방관하지 않고 나설 수 있을까요? 연구 과정에서 대학생이 고등학교 때 괴롭힘을 당한 친구를 도와주지 못한 자신이 너무 비겁했다고 괴로워했어요. 이런 상황을 만든 사회와 성인들이 모두 가해자이고, 당사자인 피해, 가해, 방관 학생 모두 피해자라는 것이 제가 연구하면서 내린 결론입니다."라고 답했다.

학교 폭력은 우리나라만의 문제는 아니다. 그러나 이를 해결하는 과정은 그 나라의 의식 수준을 고스란히 드러내는 것 같다. 학교의 기능을 충실하게 실천하는 나라는 교육에 집중하고, 당장 눈앞의 문제를 해결하려는 나라는 처벌에 집중하고 있다.

현재 핀란드의 학교 폭력 대처 방안은 많이 달라졌다(임미나, 2019).[14] 오랫동안 지속된 괴롭힘, 경제적인 보상이 필요한 경우가 아니면 교사 없이 두 명의 또래 조정관이 참여하는 회의를 한다. 조정 회의에서는 피해 학생, 가해 학생을 구분하지 않고, 처벌하지도 않는다. 또래 조정관은 별도의 체계적이고 전문적인 훈련을 통해서 자격이 주어진다. 이 자격은 사회에서도 통용되기 때문에 또래 조정관 지원자가 많다고 한다. 학교 폭력 감소 효과보다 회의에 참여한 학생들이 대화와 소통을 배우게 될 이런 제도가 좋아 보인다.

우리나라 '학교폭력예방 및 대책에 관한 법률'은 '예방과 대책에 필요한 사항을 규정한다.'라고 명시했는데 예방법은 학생과 교직원 및 학부모에게 한 학기에 1회 이상 학교 폭력 예방 교육을 하라는 것, 대책은 처벌의 단계를 열거한 것, 보호는 학급을 옮기거나 치료하는 것이었다. '분쟁 조정을 통하여 학생의 인권을 보호하고 학생을 건전한 사회 구성원으로 육성함을 목적으로 한다.'라는 학교폭력방지법의 목적과 교육 행정은 괴리감이 있어 보인다. 다만 2021년 시행된 법령은 2012년의 입장보다 학교 폭력의 지속성과 심각성 여부에 따라 처리 방법을 분리한 점에서 발전된 것으로 보인다.[15]

학생들의 문제 행동을 처리할 때는 처벌이 아니라 교육에 집중해야 한다. 그렇다고 용의주도하고 반복적인 나쁜 행동을 용서하자는 것은 아니다. 행동이 개선될 정도의 공정하고 원칙적인 처벌이 반드시 필요하지만 처벌 이후의 교육 환경까지 반드시 고려하자는 것이다. 유아, 아동, 청소년의 문제 상황이 발생하면 성인과 같은 시각이 아니라 교육적으로 처리될 수 있도록 대상의 발달 특성을 이해하는 전문적 시각으로 접근해야 한다.

유아의 문제 행동에 대해서 "아이와 대화해 보겠습니다."라고 반응하는 부모들이 종종 있다. 아동 인권이 중시되면서 체벌이 아니라 대화로 해결해야 한다는 인식이 자리를 잡은 것은 다행이다. 그러나 유아기에 의식과 행동이 자리 잡기 위해서는 대화나 설명이 아니라 본보기가 되는 환경을 제공해야 한다.

'생태 이론'은 미시체계, 중간체계, 거시체계[16]로 구분하여 환경이 주는 영향을 설명한다. 이 중에서 유아기에 가장 큰 영향을 미치는 것은 미시체계이다. 가정, 교사, 친구가 미시체계이며 유아의 습관과 행동은 대부분 미시체계에서 습득한다. 초등 1학년이 친구를 따돌린다면 부모나 교사에게서 배운 행동일 것이다.

"저 사람 예쁘다.", "한결이가 1등이다. 대단하다."라고 하는 성인들의 대화를 들은 유아는 "저렇게 생겨야 하는구나.", "나도 1등 해야 하는구나."라는 가치관이 형성될 수 있다. 스스로 그 기준에 맞추기 위해 편법을 쓸 수도 있고, 그 기준에 부합되지 않는 친구를 따돌릴 수도 있다. 이런 의식을 가진 성인들 역시 외모 지상주의, 능력주의로 팽배한 사회적 환경, 즉 중간체계의 영향을 주고받은 피해자이다.

가정과 교사가 중간체계의 부정적 영향을 끊어 내고 유아들에게 좋은 미시체계를 만들어 주어야 한다. 존중의 가치관을 갖도록 본보기가 되어 주어야 한다. 유아들이 능력, 외모 등 조건과 상관없이 모든 사람은 존중받아야 한다는 가치관을 갖는다면 학교 폭력 문제를 운운할 필요도 없다. 안타깝게도 바로 오늘 극단적 선택을 한 고1 학생에 대한 기사를 접했다. "안 괜찮아, 도와줘."라는 쪽지를 남겼다고 한다. 기성세대에게 법적인 책임을 묻지 못할 수도 있겠다. 그러나 '왕따'가 국어사전에 등재되기까지 사회와 교육이 변화하지 않았다는 것은 모든 성인이 자책하고 탄식할 일이다.

이는 2021년 7월 5일의 기록이다.

3) 과정과 결과

　　행동주의[17] 학자들은 사람의 학습 과정을 동물의 학습 과정과 동일시하여 인간의 학습을 동물이 본능에 의지해서 터득하는 행동 변화로 설명하였다. 행동주의의 완성이라고 할 만큼 주목을 받았던 하버드 대학교의 교수이자 심리학자인 버러스 프레더릭 스키너(Burhus Frederic Skinner)의 실험들은 놀라운 반향을 일으켰고 지금도 그의 이론으로 많은 사람이 학습을 설명하거나 이용하고 있다. 스키너는 실험을 위해 동물들이 들어가서 활동을 할 수 있을 만큼 커다란 상자를 이용하곤 했다. 많은 학자는 이렇게 설치한 상자를 '스키너 상자'라고 불렀지만 정작 스키너는 그렇게 불리기를 원치 않았다고 한다. 나는 스키너 스스로 그 실험 상자가 윤리적으로 불편했던 것이 아닐까 하고 상상해 봤다.

　　그의 가장 유명한 연구 중 하나는 비둘기 상자 실험이다. 이 실험에서는 비둘기를 충분히 굶긴 후에 레버를 누르면 먹이가 나오도록 했다. 행동과 먹이가 바로 연결되는 이런 행동에서 더 나아가 비둘기가 날개를 펴는 등의 특정한 행동을 했을 때 먹이를 주는 조작된 환경을 만들면 비둘기는 이런 행동을 반복하기 시작한다는 것을 발견하고 연구 결과로 내놓았다. 스키너는 조작된 환경 속에서 동물의 행동을 조건부로 형성하는 원리를 제시했으며 이는 동물의 행동을 설명하는 이론으로, 세상을 놀라게 했다. 즉 비둘기가 날개를 펴는 동작은 먹이를 얻기 위해서 터득한 행동이라는 것이다. 스키너는 인간 행동도 외부적인 자극과 보상에 의해 결정된다고 주장했으며, 이러한 접근 방식은 행동주의의 핵심 원리 중 하나로 자리 잡았다.

스키너의 연구는 행동주의 이론을 탄탄하게 만들었고, 특히 학습 이론과 동기 이론의 기반이 되었다. 그의 연구는 학교에서 실행하는 교육 방법론을 혁신하고, 체벌이 아니라 적절한 보상으로 길들이는 것이 효과적이라는 생각을 널리 퍼지게 하였다. 비둘기를 굶긴 상황의 설정을 사람의 교육에서는 절실한 결핍을 찾아서 이용하도록 응용하였다. 성인들이 원하는 것을 시키기 위해서 억압적이고 폭력적인 방법을 사용하는 것보다 인권을 옹호하는 방법으로 보였을 것이다. 나의 주관적인 생각으로, 대다수의 우리나라 사람은 아직도 스키너의 추종자이다.

스마트 기기 이용 시간을 조건으로 하기 싫은 공부를 참아 내도록 유도하고, 시험 성적을 결과물(먹이가 나오는 레버를 누르는)로 용돈, 혹은 새로운 스마트폰이라는 먹이를 제공한다. 스키너의 이론은 미국에서도 큰 반향을 불러일으켰다. 이와는 대조적으로, 나의 주관적인 생각이지만 비교적 유럽의 학문 동향과 맥을 같이하는 나라들은 위와 같은 이유로 교육적으로 행동주의 성향을 덜 보이는 것 같다.

스키너는 인간의 행동은 목적한 결과를 얻기 위한 것이라고 설명하였지만, 미국의 심리학자 미하이 칙센트미하이(Mihaly Csikszent-mihalyi)는 화가들의 행동을 통해서 몰입 이론을 설명했다. 인간은 결과물이 아니라 과정을 즐길 수 있는 동물이라는 것이다. 화가들은 고생해서 그린 그림이 완성되면 그것으로 만족하고 그림 그리기를 멈추거나 보상에 집중하는 것이 아니라, 완성된 그림은 밀어 두고 다시 새 과정을 시작한다는 것이다. 인간의 창조성은 비둘기처럼 먹이만을 위해서 행동하는 과정과는 별개라는 설명이다. 이런 칙센트미하이의 이론은 최근까지도 인간의 웰빙, 행복, 철학, 창조성 등과 연결되어 1,800여 편의 연구가 검색될 정도로 영향력이 있다. 스마트 기기를 만들거나 앱을 개발하여 돈을 버는 것이 목적이라면 철저히 비둘기처럼 조건화하기 위한 전략으로 중독시키면 된다. 하지만 AI와 기계를 이기는 행복한 사람을 만들고 싶다면 그런 식의 조건화로 인간만의 독창성과 행복을 뺏으면 안 된다. 그래서 실리콘밸리 CEO들이 자녀에게 스마트폰을 주지 않는다는 기사가 화제가 되었는지도 모른다.

칙센트미하이가 관찰한 화가들처럼 과정을 즐기며 공부하고, 해 보니까 뿌듯해서 또 하고 싶은 선순환을 만들어야 한다. 이런 성향을 만드는 결정적인 시기도 유아기이다. 이런 과정에 대한 이해도 없고 문제의식조차 없는 부모, 교사로 인해서 가망 없는 비둘기가 되어 가는 많은 유아들이 안타깝다. 책을 읽어서 스티커를 주고, 인사를 잘해서 스티커를 주면 교육의 주인공은 스티커이다.

이는 2024년 3월 17일의 기록이다.

4) 자기 주도적인 사람됨

"당신의 자녀가 학생이 되었을 때, 혹은 성년이 되었을 때, 자신의 일을 자기 주도적으로 하기 바라나요?"라고 부모들에게 묻는다면 "예, 자기 주도적인 학습을 하고 자기 주도적으로 일을 처리하는 사람이 되길 바랍니다."라고 대부분 대답할 것이다. "아니요. 내 아이가 언제까지나 내 품 안에서 내가 시키는 대로 움직이고, 내 도움이 필요하면 좋겠습니다."라고 답하는 부모는 없을 것 같다. 하지만 이는 질문에 대한 대답이 그렇다는 것이고, 실제 부모들의 교육 방법이나 전략을 보면 전혀 다르게 보일 때가 있다. 오히려 부모의 태도 혹은 행동이 자녀의 자존감과 주도성 성장을 방해하고 있음을 모르는 듯하다.

내 자녀가 자기 주도적이고 자존감 높은 사람으로 성장하기를 바란다면 발달 단계에 맞는 양육 태도를 적용해야 한다. 지금 내 자녀가 자기 주도적인 사람으로 성장하고 있는지, 소극적이고 수동적인 성향으로 자라고 있는지 점검할 수 있는 예시가 있다. 유아들이 유치원에서 했던 활동들을 자기 주도적으로 소화하고 받아들이면 알게 된 지식을 발전시켜서 적용하고자 하는 욕구가 생긴다. 이런 단계에 다다르면 가정에서 유치원 활동들을 다시 해 보거나 가족에게 설명하고 싶어 한다. 유치원 이야기를 많이 하거나 활동을 다시 하고자 한다면 주도성을 연습하고 있다는 근거가 된다. 물론 대화를 많이 하면 좋겠지만 자신의 사고 과정을 언어로 모두 표현할 수 있는 수준이 아니기에 매끄럽게 전달하기 쉽지 않을 것이다. 오히려 부정적인 표현으로 유치원 이야기를 많이 할 수도 있다. 그래도 행동이나 놀이로 유치원을 표현하는 것이 관찰된다면 자신에 대한 자존감과 자기 주도적인 태도가 길러지고 있다는 뜻이다.

이렇게 유치원에서의 활동을 스스로 되뇌고 다시 하는 것은 유치원에서의 교육이 자발적이고 자기 주도적인 형태일 때 가능하다. 더불어 가정에서도 유아가 알게 된 새로운 사실을 존중하는 태도로 경청해 주어야 가능하다. 강제적이고 관심도 없는 방식으로 지식을 강요했다면 스스로 생각하고 다시 하고 싶은 욕구가 일지 않는다. 자기 주도적인 태도를 촉진하는 환경은 적어도 생후 8년간 어른이나, 또래와 일상을 공유하면서 배울 수 있는 환경이다. 일상의 규칙을 알고 교사, 친구, 가족들 속에서 매 순간 배움을 얻을 수 있어야 한다. 여기서 중요한 단어는 '일상'이다. 형식적인 시간표가 아니라 자연스럽게 하루를 지내며 새로운 지식을 접하고 비형식적인 과정에서 삶을 살 듯이 배움이 일어나야 한다. 일상을 공유하며 인성, 규칙, 사회성, 논리를 교사와 친구에게 듣고 경험하면서 아래의 대화처럼 봄 학년 유아들도 논리적인 대화가 가능해졌다.

> 봄 학년의 오전 간식 이후, 현이가 책을 가지고 온다.
> 수경: 우리 같이 보자.
> 현이: 아니, 이건 나 혼자 볼 건데?
> 수경: 그런데 이건 유치원 책인데?
> 현이: (가만히 수경이를 보고 있다.)
> 수경: 친구야, 우리 사이좋게 지내자! 자, 약속!
> 현이: 그래. 이 책은 우리 함께 보는 거잖아, 그치?
> 수경: 맞아. 유치원 책은 모두 함께 볼 수 있어.

반대로 자기 주도적인 태도와 자존감을 생후 8년 안에 일찍 제거당할 수도 있다. "이 정도는 알아야 하니까, 해야 해.", "전에 배웠지? 대답해 봐. 이 문제 풀어 봐." 등 성인 주도적으로 무엇인가를 가르치고 끊임없이 확인하려 드는 것이다. 아래의 내용은 한글에 흥미가 생긴 서우의 관찰 기록이다. 우리 유아들이 유치원에 와서 가장 처음 관심을 갖는 대상은 친구이다. 그래서 친구들 이름으로 한글에 친근해지도록 환경을 조성하고 있다. 오후 자유 놀이 시간, 서우가 이면지 바구니에서 종이를 꺼낸다. 종이에 적힌 글씨를 보다가 교사에게 이야기한다. 종이에는 "기본생활습관: 반갑게 인사한다."라고 적혀 있다.

> 서우: 선생님! 이것 보세요!
> 교사: 반갑게 인사한다?
> 서우: 이 글자(반) 박재희의 '박'이에요!
> 교사: 박재희의 '박'과 닮았지요?
> 서우: 어! 맞아요. (받침을 가리키며) 이걸 돌리면 박재희의 '박'
>   이에요.

서우는 '박'과 '반'의 생김에 대한 놀라운 사실을 발견하고 기뻐했다. 만약 이 상황에서 누군가 서우에게 '그게 아니라 이렇게 쓰는 게 박이다.'라고 가르치려고 했다면, 서우가 글자를 알게 되었다고 하더라도 자기 주도적으로 발견하고 스스로를 대견하게 생각하는 경험을 하지 못했을 것이다. 그래서 유아들에게는 결과보다 과정이 중요하다.

"오늘 유치원에서 재밌었어? 뭐 했는데? 뭐가 제일 재밌었어? 친구가 때리지는 않았어?" 등의 질문을 먼저 쏟아 내는 것은 다른 형식의 테스트를 하는 것이다. 자존감과 자발성이 넘치는 사람으로 자라게 하려면 스스로 하고 싶을 때까지 기다리고, 스스로 다가올 때 상호작용해 주어야 한다. 우리는 친구나 상사를 대할 때 시시각각 테스트하고 확인하려 하지는 않는다. 친구나 상사를 대하는 마음으로 자녀의 입장을 이해하고 존중한다면 자존감이 넘치는 사람으로 성장할 것이다.

이는 2022년 7월 13일의 기록이다.

5) 공부는 왜 하는 것인가?

공부를 하는 것과 배움을 이루어 내는 것은 약간 다르다. 공부를 통해야 배움에 이른다. 나는 유아들에게 "공부는 왜 하는 것인가?"라고 질문했다. 사실 내가 기대한 대답은 "공부하면 배울 수 있고, 배우면 즐거우니까요."라는 학이시습지 불역열호(學而時習之, 不亦說乎)처럼 공자 같은 대답이었다.

아미 : 재밌잖아요. 새로운 거 알면.
서련 : 삶이 즐거워져요. 생각이 더 많아지고.

위의 대답을 통해서 우리 학생들이 학령기(學齡期) 시기의 나보다 훌륭하다는 것을 확인했다. 각자의 학창 시절에 공부하는 이유가 무엇이었는지 돌아보고 다음을 읽기를 바란다.

나는 내가 학창 시절에 가졌던 공부하는 목적이 너무 처참했다는 사실을 공부가 조금 익어가기 시작한 박사 과정에서야 깨달았다.

나는 시험을 잘 보기 위해서 공부했다. 시험을 잘 보기 위한 공부 방법을 찾았고, 시험 날짜에 맞추어서 계획을 세웠다. 그나마 계획대로 되어서 내가 만족할 수준의 석차가 나오면 그것으로 불역열호(不亦說乎)를 이룰 수도 있었지만, 세상이 그리 호락호락하지 않으니 늘 만족할 석차를 받을 수는 없었다. 그럴 때마다 나는 화가 나고, 절망하고, 자존심이 상했고, 행복한 순간보다 불안하고 작아지는 순간이 훨씬 많은 학령기를 보냈다. 절대 돌아가고 싶지 않은 학령기이다. 그나마 나는 공부에 대해서 노골적인 강요를 받지는 않았다. 나의 부모님은 말씀이나마 "뭐 어떠니, 어떻게 늘 네가 원하는 만큼 할 수 있니?"라며 위로하셨고, 사교육(그때나 지금이나 학교도 주입식이기는 마찬가지지만)을 시키지는 않으셨다. 그리고 중학교 시절까지는 내가 하는 강의(공부해서 정리한 내용)를 어머니께서 열심히 들어 주셨다. 그것이 내가 공부를 훨씬 수월하게 할 수 있던 이유였다는 것을 교육 심리를 공부하며 이해했다.

그런데 연구하면서 돌아보니 그냥 사회 자체가 나의 의식을 불행하게 만든 주범이었다. 지금도 이 사회는 교과서, 진도, 석차, 주입식 교육으로 학생들이 석차를 위한 공부를 하도록 만드는 잔인한 사회이다. 공부하는 방법이나 비법을 소개하는 자칭 전문가의 이야기를 들으면 잔인한 방법으로 학생들을 몰아붙이는 이야기를 하고 있다. '내신 시험을 잘 보려면', '모의고사를 잘 보려면', '궁극적으로 수능을 잘 보려면' 어떻게 해야 한다는 식으로 코앞의 불 끄기에 급급할 뿐 배움의 즐거움을 느끼게 하지는 않는다.

그나마 석차가 예상 목표 언저리에 닿는 학생들은 시험을 통해서 학교생활에 대한 보상을 받을 수 있지만, 그렇지 못한 학생들은 배움 자체의 동력을 찾을 수가 없는 구조이다. 학교는 공부하는 곳이고 공부하는 사람에게만 필요한 곳이라는 것은 틀림없는 사실이다. 그러나 그 공부와 배움이 섞차여서는 안 된다. 우리 유아들이 공부하고 배우는 이유가 시험을 잘 보기 위해서, 친구보다 잘하고 싶어서에 있지 않다고 하니 다행이다. 우리 유아들은 나와 수업하는 그 짧은 시간(보통 30분 이내) 동안에 "아하! 그런 걸 어떻게 생각했지?", "그렇구나!" 등의 말을 여러 번 반복한다. 나는 앞으로도 우리 유아들이 이런 깨달음을 여러 번 반복할 수 있는 교육을 이어 갈 생각이다. 이것은 유아기부터 배움의 즐거움을 연습해 왔기 때문에 가능한 것이다. 아이들이 배움의 즐거움을 이어 가기 위해서 어른들은 무엇을 해야 하는지 생각해 보아야 할 것이다.

이는 2023년 4월 21일의 기록이다.

4. 스마트 기기의 저주

1) 스마트 기기를 보는 유아는 모든 교사가 안다

학부모가 보내준 스마트 기기 사용 척도 응답의 통계 자료를 확인하는 중이었다. 한 교사가 "우리 반에 사용 척도 점수가 정말 높게 나온 아이가 있어요."라면서 걱정스러운 표정을 지었다. 그러자 교무실에 함께 있던 다른 교사가 "창민이지요?"라고 답하였다. 그러자 담임 교사가 "예, 맞아요."라며 쑥스럽게 웃었다. 그 장면을 보고 놀라운 마음에 교무실로 들어오는 다른 교사들에게도 물어보았다. "○○반에 스마트 기기 이용 점수가 너무 높아서 걱정하는 아이가 있다는데 누군지 알겠어요?"라고 물으니, 유치원의 모든 교사가 그 유아가 창민이인 것을 맞혔다. 내가 "어떻게 그렇게 알 수 있었어요?"라고 질문하자, 교사들은 "집중을 어려워해요.", "친구들과의 놀이에 관심이 없어요.", "새로운 것에도 흥미가 없어요.", "의욕이 없어 보여요.", "매사에 그냥 표시가 많이 나요."라고 말했다.

교사들의 말을 들으며, 1학기 상담 전에 학부모들이 꼭 알아야 하는 시급한 주제가 '스마트 기기 사용'이라고 생각하게 되었다. 교사들 이 한 명도 빠짐없이 창민이라고 답을 했다는 건 그만큼 표가 난다는 것임을 학부모에게 알리고 싶었다. 창민이가 신입생이어서 그럴 수 있었다고 이해는 한다. 그런데 속이 상하는 것은 그동안 창민이에게 아무도 스마트 기기를 사용하면 어떤 부작용이 있는지 알려 주지 않았다는 것이다.

이렇게 많은 부작용이 보이는데 다른 기관이나 가정에서는 그런 것을 못 느끼는 건지 궁금하다. 우리 유치원의 교사들이 유아들의 스마트 기기 사용 여부를 금방 알아차리는 이유는 우리 유치원의 교수·학습 방법이 사고력과 자발성을 요구하기 때문일 듯하다. 스마트 기기를 보는 유아들은 생각하지 않으려고 하고(사고력), 의욕이 감소하고(자발성), 짜증이 증가하는 등의 특징적인 행동을 보이기 때문에 교사가 금방 알아차리는 것이다.

2018년 한양대 소아정신과 연구팀이 '스마트 기기 이용 실태' 검사 도구를 연구에 사용하기 위해 저자인 나에게 허락을 구하였다. 그 과정에서 우리 유치원 유아들과 학부모들을 대상으로 신청을 받아서 연구를 진행했었다. 연구 과정에서 학부모들이 스마트 기기를 제공하면서 생기는 문제 연구와 중재 프로그램까지 이어지면서, 연구에 참여한 모두가 유아들에게 스마트 기기를 주는 것의 심각성을 피부로 느꼈다. (이 때문인지 우리 유치원 유아들은 스마트 기기를 사용하지 않는 것이 당연하다는 분위기가 정립된 듯하다.)

스마트 기기 사용이 많은 유아는 이용 이후에 짜증이 늘고 우울감이 증폭된다는 사실을 2018년 연구 과정에서 재확인하였다.

첫째, 유아의 입장에서 스마트 기기의 영상보다 더 자극적인 활동이 없기에 사용 후에는 늘 아쉬움이 남는다. 아무리 사용 시간을 연장해 주어도 나아지지 않을뿐더러 허용할수록 더 심해진다. 스마트 기기를 오래 할수록 아무런 뇌 활동 없이 강한 자극이 들어오고, 앞서 설명한 것처럼 이후의 모든 활동이 시시하게 느껴지게 되므로 더 짜증이 나게 된다. 부모들이 보상이나 협상의 도구로 스마트 기기를 제공한다면 이런 현상은 더 심해질 수밖에 없을 것이다.

둘째, 뇌 의학·뇌 과학적으로 스마트 기기를 보는 상황에서의 뇌파는 문제가 있다. 한양대에서 연구를 위해 뇌파 검사기기를 가지고 와서 측정했을 때 스마트 기기에 많이 노출된 유아들은 뇌파의 반응이 약하고 불안정했다. 이는 학습적인 내용의 콘텐츠도 마찬가지이며, 유아용일수록 유아로 하여금 계속 보고 싶게 만드는 매력적인 구성에 심혈을 기울이기 때문에 더 위험하고 학습에 전혀 도움이 안 된다. 심지어 언어 학습에도 도움이 되지 않는다. 관계 형성을 동반해서 언어를 배우게 되는 영유아기에 기계음은 소음이 될 뿐이다. 유아 중 25%의 언어 발달이 부적절하다는 주장이 있는데, 가정에서 스마트 기기를 더 자주 접하게 된 코로나19 이후 언어 발달이 더 심각해졌음을 나와 교사들은 느끼고 있다.

스티브 잡스나 빌 게이츠는 본인의 자녀에게 스마트 기기를 주지 않았다고 한다. '이 시대에 안 주는 것은 불가능하다.'라고 생각을 하거나, 집을 어지르거나 부모를 귀찮게 하지 않는 도구로 스마트 기기를 이용한다면 생각을 바꾸어야 한다. 집이 어질러지더라도 유아들의 건강한 발달을 위해서 재활용 만들기, 오리기, 색칠하기 재료와 장소를 제공하고 함께 즐기는 시간을 갖기를 간절히 바란다. 밖에서 '얌전한 아이, 예절 바른 아이'가 되게 하기 위해서 스마트 기기를 주었다면 다른 노력을 시도해 볼 수 있다. 2018년 중재 프로그램에서 외식하러 갈 때도 색종이와 색칠 자료를 가방에 유아 스스로 챙겨가도록 지도하고 식당에서 스마트 기기를 대체하도록 제안했었다. 이렇게 부모님들과 유아들이 실천하니, 유아들의 짜증이 없어지고 언어 발달, 사회관계, 사고력이 눈에 띄게 좋아지는 결과를 얻었다.

이 밖에 다른 상황에서의 대처 방법을 잘 모르거나 실천이 어려운 부모들은 담임 교사에게 도움을 청하면 모두 적극적으로 도울 것이다. 스마트 기기를 사용하지 않으면 유아들의 태도가 달라진다. 유아들은 놀라운 가소성을 가지고 있으므로 달라진 유아들의 발달 상황을 담임 교사들은 바로 느낄 수 있다. 부모가 결단하고 노력하면 부모와 자녀 모두 더 행복하게 갈등 없이 발전할 수 있다.

이는 2024년 4월 3일의 기록이다.

2) 쓰나미 같은 자극과 호수 같은 자극

성향에 따라서 정도의 차이는 있지만, 유아기에 쓰나미처럼 큰 자극에 노출되면 작은 자극은 시들하고 집중할 수 없는 사람으로 성장하게 된다. 공부를 한다는 것은 늘 잔잔한 지식의 자극에 기쁨을 느끼는 작업이다. 공부에 재미를 느끼려면 이보다 큰 자극이 적어야 한다. 예전에는 큰 자극이라고 해 봐야 뛰어노는 것이었다. 오히려 신체 발달을 돕게 되는 바람직한 활동이었다. 그다음 세대는 TV가 가장 자극적이었다. 프로그램의 내용이 좋다고 해도 책을 읽을 때처럼 사유하면서 볼 수 없기에 자신의 지식으로 만들기가 어렵다. 거기에 장삿속이 보태져서 어떻게든 빠져들게 만들고 프로그램과 함께 세트 상품까지 등장하니 유아들은 점점 더 강한 자극을 원하게 된다.

이제는 스마트 기기까지 더해졌다. 가장 자극적인 요소를 갖추어서 거부할 수 없게 되었다. 생각할 필요가 없는 짧고 빠른 전개는 유아들의 뇌를 강타한다. 거기에 부모는 늘 보상으로 스마트 기기를 이용하니, 스마트 기기들은 더 큰 선물처럼 느껴지고 협상의 수단이 된다.

스마트 기기의 콘텐츠가 교육적이라서 괜찮다고 생각하는 부모들이 많다. 그러나 불행하게도 전혀 그렇지가 않다. 스마트 기기의 콘텐츠는 유치원에 가기보다 쉽고, 몸도 편하고, 시간도 잘 가고, 보상으로 받은 만큼 더 달콤하다.

"유치원 가면 ◯튜브 20분 보여 줄게."
"엄마가 일하는 동안만 보는 거야."
"너희들 싸우지 않고 조용히 있겠다고 약속하면 ◯튜브 20분
보여 줄게."

내 자녀에게 했던 이런 말과 행동들이 유아들의 사고, 사회 활동, 인지 발달을 갉아먹는다.

스마트 기기는 정말 백해무익한 것일까? 부모의 입장에서 당장은 그렇지 않을 것이다. 유아들에게 스마트 기기를 주면 위험한 장난을 치지 않고, 조용하게 있고, 손이 가지 않는 시간을 보낼 수 있으니 양육자에게는 휴식을 주는 계기가 된다. 그리고 뭔가 자책을 하게 될 때는 괜찮은 이유를 만들어서 위안으로 삼을 수 있다.

부모 1: 우리 애는 ◯튜브로 한글을 배웠어요.
부모 2: 우리 애는 ◯튜브를 보고 영어를 해요.

이렇게 말하는 부모들에게 묻고 싶다. 한글이나 영어를 이해하고 사고하는 수준이 지금 정도에서 더 이상 발전하지 않아도 된다고 생각하는 건지, 그런 활동을 하느라고 희생된 뇌 발달에 대해서 충분히 고려해도 역시 ◯튜브가 옳은 방법이라고 생각하는지, 부모가 귀찮아서 제일 쉬운 방법을 사용하면서 핑계를 찾는 것은 아닌지 돌아

봐야 한다.

영유아가 일찍 스마트 기기에 노출되었을 때 자녀에게만 피해가 가는 것은 아니다. 부모들이 유아들과 보내야 하는 앞으로의 시간이 더 길고 험난한 과정이 될 수 있다. 학령기에 가서 학업에 집중하지 못하고 책 읽기가 어렵게 되면, 그때부터는 부모와 자녀가 모두 갈등 속에서 불행한 시간을 보내게 될 것이다.

유아가 유치원에 오는 것을 힘들어하는 데에는 저마다 이유가 있을 것이다. 엄마와 시간을 보내고 싶거나, 놀이에 자신감이 생겨서 혼자 놀고 싶거나, 친구들에게 무언가 양보하기보다 집에 있는 게 편하다고 생각하면 결석을 할 수 있다. 그런데 스마트 기기를 알게 되면 유치원에서의 놀이가 자극이 되지 않아서 점점 시들해진다. 교사들은 이를 금방 알아차리고 학부모에게 말을 하지만 잘 고쳐지지 않는 경우도 있다.

늘 잘 놀던 유아가 짜증이 늘거나 행동이 과격해지면 거의 스마트 기기가 원인이다. 글자에 대한 놀이에 갑자기 흥미를 잃고 표정이 어두워지면 대부분 한글 공부를 시작한 경우이고, 수 개념은 생각하지 않고 단편적인 계산만 하려 드는 경우는 대부분 수학 학습지를 시작한 것이다. 이처럼 바로 부작용이 보이는 학습 방법은 학습이 아니다.

스마트 기기로 공부하는 것도 마찬가지이다. 우리 유치원에서는 가을 학년이 되면 시계에 1분부터 60분까지의 숫자를 모두 적어보는 활동을 한다. 이는 시간도 오래 걸리고 지루한 활동일 수 있지만, 이를 통해 유아는 사고의 과정을 거치고 자신만의 규칙을 찾아가는 시간을 경험하게 된다. 유아기는 편리하고 빠르게 공부하는 시기가 아니라 느긋하게 생각하고 정말 한심할 만큼 우직하게 배워야 하는 기초 공사 시기이다.

기초 공사가 흔들리면 이후 학업도 사상누각(沙上樓閣)이 된다는 사실만은 잊지 말아야 한다. 유아도, 부모도, 교사도 모두 한심할 만큼 우직하게 처음부터 끝까지 직접 해 보는 활동을 해야 한다. 주위에서 누가 뭐라고 하든 이것이 진리이다. 지금 당장 남보다 빠르게 하는 것은 아무 의미가 없다. 한글은 언젠가 읽을 텐데 1년 빠르게 읽는 것은 중요하지 않다. 진정한 공부를 한 사람은 1년 후에 글을 읽고, 이해하고, 설명도 할 수 있는 사람이지 그냥 한글을 아는 사람이 아님을 잊지 말자.

영어도 영어적 표현을 이해할 수 있는 자질과 언어 감각이 중요하지 단어를 빨리 외우는 건 중요하지 않다. 수학도 수학적 사고력이 중요하지 앵무새처럼 수를 세는 것이 중요한 것이 아니다. 어떤 유아는 수 개념은 없는데 계속 숫자만 읽는 유아도 있다. 모든 학습의 중요한 과정과 목적을 반드시 생각하는 부모와 교사들이 행복한 학습자를 만들 수 있다. 그러기 위해서는 일상과 놀이 속에서 배움을 이어가야 한다.

생각할 시간을 충분히 가지며 놀이하면 모두 해결된다. 적어도 각자의 기질을 최대한 발현시킬 수 있다. 우리 유치원이 유아들에게 그 어떤 이유도 다 넘어설 만큼 즐겁고, 배움의 욕구가 충족되는 유치원이길 바라는 마음이다. 늘 들어도 또 듣고 싶은 말은 "우리 아이가 주말에도 얼른 유치원에 가고 싶다고 해요."이다.

이는 2019년 5월 2일의 기록이다.

3) 스마트 기기 이겨 내기 부모 교실

오랜만에 부모 교실에서 워크북을 가지고 진행하였다. 학부모들의 솔직한 마음을 읽을 기회이기도 했다. 아래의 내용은 학부모들의 워크북 내용을 모아서 요약한 것이다. 자신을 솔직하게 들여다보는 것은 자신의 행동을 부정해야 하므로 쉽지 않은 반성적 사고였을 텐데 용기를 내어 준 학부모들은 그만큼 자녀의 건강한 성장이 보장될 것이라고 믿는다.

스마트 기기의 긍정적인 작용
① 부모가 개인 시간에 집중할 수 있다.
② 미용실, 음식점, 동생 낮잠 재울 때 조용히 한다.
③ 떼를 쓸 때 쉽게 달랠 수 있다.
④ 양치, 소방 대피 등 교육을 영상으로 알게 한다.
⑤ 학습에 도움이 되는 줄 알았다.

스마트 기기의 부정적인 작용
① 스마트폰을 볼 땐 잠을 안 잔다.
② 사용 후 아이가 산만해지고, 지나치게 과한 행동을 하거나
　　소리를 질러서 제어가 힘들다.
③ 대답을 바로 안 한다.
④ 무언가를 사 달라고 한다.
⑤ '나는 쓰레기야.' 등의 비속어를 사용한다.

⑥ 다른 것에 전혀 집중하지 못한다.

⑦ 시간 조절 능력이 없어진다.

더불어 한 학부모가 아래와 같은 부탁을 하였다. 이렇게 글로 써서 보내 주신 분은 한 분이었지만 상담 과정에서 여러 학부모가 조부모 때문에 고민한다는 것을 알게 되었다.

"조부모님의 생각 변화가 너무 힘듭니다. 혹시 큰 글씨로 된 간단명료한 (+권위자 경고 및 주의 포함) 조부모님 대상 프린트물도 만들어서 전달해 주실 수 있으실까요?"

위의 제안처럼 모든 조부모가 도움을 주어야 한다는 것에 공감한다. 이번 기회에 자료를 만들어 보고자 결심했다. 조부모뿐만 아니라 나와 배움을 함께하는 유아들의 부모님 중에도 지금까지 꾸준히 스마트 기기에 의존하여 양육하는 분들이 두 분 있다. 이분들은 이번 '스마트 기기 이겨 내기' 부모 교실에도 참여하지 않았기에 이 자료가 도움이 되길 바란다.

이는 2024년 4월 27일의 기록이다.

스마트 기기를 손주에게 주는 조부모님께

손주들의 요구를 모두 들어주고 싶은 마음은 충분히 이해합니다. 그러나 뇌가 발달하는 시기에 자극적인 즐거움을 주는 스마트 기기 영상의 부작용은 지금 당장도 나타나지만, 학령기가 되어서 학업을 할 수 없게 된다는 많은 연구가 이미 발표되었고, 스마트 기기를 만들고 연구하는 실리콘밸리의 사람들은 대부분 자녀들이 16세 이전에는 스마트 기기를 주지 않는다고 합니다.

스마트 기기가 손주에게 나빠도 이를 주셨던 것은 이에 대해 잘 모르셨기 때문이라고 믿습니다. 예를 들어서 손주가 밀가루를 먹으면 바로 쓰러지는 체질이라면 아무리 졸라도 주시지 않았을 것입니다. 그러나 설탕이 ADHD(주의력결핍, 과잉행동 장애)와 상관이 있을 것이라는 연구가 있다면 바로 눈앞에서 벌어지는 일이 아니므로 "설마, 단 거 먹는다고 그러겠어?"라고 생각하고 손주의 요구를 들어줄 수도 있습니다. 스마트 기기로 영상을 보여 주면 당장은 문제가 없어 보이고, 유아를 쉽게 돌볼 수 있다고 생각할 수 있습니다. 그러나 유아가 자라 학업에 안 좋은 영향을 줄 수 있음을 꼭 기억해 주시기를 부탁드립니다.

5. 평등과 자존감

1) 간디는 파란색, 다빈치는 빨간색

우리 유치원에는 치료견이자 반려견인 간디와 다빈치가 있다. 간디와 다빈치의 모든 물품은 처음부터 간디는 파란색, 다빈치는 빨간색으로 정했다. 반려견과 처음 노는 유아들은 "간디가 남자예요?"라고 묻는다. 그러면 반려견과 친해진 유아들이 "아냐, 파란색 간디가 여자야."라고 알려 준다. 우리 유치원 여아들은 분홍색 치마를 입고 싶을 것이다. 남아들은 로봇 만화가 가득한 옷을 입고 싶을 것이다. 하지만 점차 관심사가 달라져 간다. 유치원에서까지 놀이 주제에 몰입하지 못하고 자신이 가지고 있는 물질에 집착하거나 성 역할에 편견을 갖는 것은 사회성, 자존감, 자기 조절력 발달 등에 방해가 되기 때문에 모든 교사가 노력한다.

성 역할에 대한 편견과 성 정체성은 별개의 문제이다. 이제는 사냥을 하는 시대가 아니고 농사조차 기계가 하는 시대이므로 '여자와 남자'가 아닌 '개인의 역할'을 찾아야 행복할 수 있다. 우리 유치원에서 치마를 환영하지 않고 외형을 강조하지 않는 이유는 안전의 문제도 있지만 더 큰 목표는 성 역할에 대한 제한적 사고를 하지 않게 하려는 것이다. 내가 성 역할에 편견을 갖지 않도록 노력하고 유아들을 대상으로 성 역할 검사를 진행하는 이유는, 성 역할에 대한 제한적 사고가 창의성, 인지 발달, 언어 발달에 영향을 미친다는 연구 결과가 많았기 때문이다. 최근에는 새롭게 성 역할과 자존감과의 관계를 발견하고 있다. 자세한 것은 연구가 더 필요하겠지만 현상적으로는 확실히 느껴진다.

"선생님, 저는 못하겠어요.", "저는 원래 못해요." 이런 말을 하는 유아들이 몇 명 있다. 이런 말을 했다고 교사가 고민을 써 놓으면 나는 '이 유아의 성 역할 검사 결과와 자기 조절력 검사 결과는 어떤가요?'라고 질문한다. 백발백중 낮은 성향이었다. 타인의 시선에 연연하는 자존심 높은 여아들은 성 평등 인식이 낮다는 것을 발견했다.

유아들이 정말 못해서 '못하겠다.'고 하는 경우는 거의 없다. 다른 친구들보다 내가 못할까 봐, 하지 않는 경우가 대부분이다. 친구보다 못하는 게 두려운 것은 자존심이 강하기 때문이다. 자존심은 비교 대상을 두거나 타인의 시선에 맞추어 높아지고 싶은 마음이다. 자존심은 자신의 발전에 전혀 도움이 되지 않는다. 더불어 자신이 행복할 수도 없다. 반면에 자존감은 타인의 시선에 연연하지 않고 경쟁 없이 스스로 소중한 사람이라는 믿음이다. 자신의 감정과 능력을 소중하게 생각하는 마음이 자존감이다. 자존심이 높은 유아들은 자존감이 낮을 수밖에 없다. 유아기는 성향이 결정되는 중요한 시기이기에 자존심이 아닌 자존감이 가득 형성되어야 한다. 자존감은 성장하면서 어려운 상황을 겪어도 다시 돌아올 수 있는 거름이 되어 준다.

성인들이 알게 모르게 하는 말과 사고가 유아들의 자존감을 좌우한다. "와, 잘했다. 넌 역시 최고야."라고 말했다면, 이 유아는 어떤 일을 잘해야 최고가 되고 사랑을 받을 가치 있는 유아가 된다. "야, 예쁘다. 공주 같은 딸이네. 얌전하기도 하네."라고 말했다면, 이 유아는 예뻐야 하고 그림처럼 얌전할 때 가치 있는 유아가 된다. 그러나 모든 유아들은 어른의 눈에 적절하지 않아도 사랑받아야 하고 가치 있는 존재이다.

유아가 실수할 때, "다치지 않았니? 누구나 실수할 수 있어."라고 말하는 것과 "그것 봐, 엄마가 하지 말랬지!"라고 하는 말 중에서 더 효과적인 훈육은 어떤 것일까? 이미 일어난 일을 가지고 유아들을 일벌백계(一罰百戒)하는 것은 아무 의미도 없이 감정만 상하고 자존감을 낮출 뿐이다. "네가 아무리 실수를 해도 소중한 사람이라는 것은 변함이 없어."라고 말해 주어야 한다.

그렇다면 성평등 인식을 높이려면 어떤 환경이 필요할까? 일단 어머니와 아버지의 역할 협동이 가장 좋은 방법이다. 어머니가 드라이버를 들고, 아버지가 행주질하는 것도 좋겠다. 어머니의 의존적이거나, 아버지의 권위적인 모습은 성 역할, 자존감 형성, 사회관계나 창의성 발달에 도움이 안 된다. '여자가', '남자가', '예쁘게', '씩씩하게'와 같은 언어는 성평등 인식을 방해하여 자존감을 낮추는 가장 대표적 말들이다. 색깔에 대한 고정된 사고도 별것 아닌 것 같지만 유아들에게는 영향을 미친다.

자존감이 높아야 무엇이든 도전한다. 도전하다 실패해도 다시 시작할 수 있다. 자존감이 높아야 자신의 능력과 상관없이 자신을 사랑한다. 자신을 사랑해야 친구들도 주위 사람도 돌아보는 여유가 생긴다. 자존감을 높이기 위해서는 성 역할에 대한 고정 관념을 버리는 것이 필요하다.

이는 2016년 5월 16일의 기록이다.

2) 공주 양말과 그 이후

가을 학년이 인성 활동으로 《공주 양말》(최서윤 글, 윤샘 그림, 별똥별 출판사, 2022)이라는 동화를 보고 토론을 했다. 유아들이 이제 모두 너무 정의롭게 자랐나 싶을 만큼 자신들의 생각을 시원하게 발표했다. 우리 유아들의 생각이 지켜지고 이어지는 사회가 되도록 어른들이 정신을 차리고 살아야겠다. 사실 아직 우리 사회에는 불투명하고 정의롭지 못한 부분이 존재한다. 우리 유아들에게 어른으로서 미안함과 책임감을 느낀다. 신상필벌(信賞必罰)은 적절한 강도로 행해져야 한다. 남의 눈치 보지 않고 살기 위해서는 정의와 원칙이 있어야 한다. 오늘 우리 유아들의 발표를 보니 우리 사회도 변화가 기대된다.

공주 양말을 신지 않고 까만 양말을 신었다고 친구들이 놀리고 따돌리는 동화 내용을 보다가 유아들이 나눈 이야기다.

유아 1: 쟤네 생각 주머니가 작네.

유아 2: 어? 내 양말도 까만색인데?

유아 3: 검정 양말이 왜? 나 검정 양말 좋아하는데…….

유아 4: 검정 양말 신고 왔다고 같이 안 논대요.

유아 5: 공주들이 신는 양말은 정해져 있지 않은데, 쟤네들은
　　　　왜 정하는 거예요?

유아 6: 내용을 다 바꿔야 해. 처음부터 다! 전부 다 잘못됐어!
　　　　바지가 얼마나 편한데!

교육의 효과가 보이는 토론 내용이어서 뭉클했다. 유아들 모두 정의감이 충만했다. 우리 유치원은 양성평등을 강조한다. 여아들의 복장이 이후의 인성, 사회관계, 사고의 폭과 깊은 관계가 있기에 외모 치장을 지양한다. 남아들의 섬세함을 강조하는 것도 같은 이유에서이다.

졸업생들의 이야기를 들으며 우리 유아들이 정말 다양한 인성을 가진 친구들과 학교생활을 해야 하는 것을 깨닫는다. 우리는 바른 사고와 인성 교육을 통해서 편견을 가지지 않도록 노력한다. 하지만 학교에서 다른 친구들에게 반응하는 방법은 또 다른 차원의 준비라고 생각하게 되었다. 이번 이야기 나누기의 질문은 아래 유아들의 대답을 보면서 유추할 수 있다. 유아들이 무턱대고 화를 내거나 싸우려는 것이 아니라, 각자의 입장이 있고 상황이 다른 것을 이해시키려는 노력이 보인다.

유아 A: 왜 그런 말을 해? 너도 네가 입고 싶은 옷 입었잖아.
　　　　나도 내가 입고 싶은 옷 입은 거야.

유아 B: 꼭 여자라고 치마 입는 것은 아니야.

유아 C: 치마 입으면 불편해. 우리처럼 숲에 나가서 뛰어놀려
　　　　면 편하게 바지를 입어야 안전하게 놀 수 있어.

유아 D: 파마는 아무나 할 수 있는 거야!

유아 E: 난 짧은 머리가 좋은데 왜 그래?

유아 F: 한 친구를 빼고 놀면, 그 친구가 다음에 우리만 빼고
　　　　놀 수 있어.

유아 G: 친구의 물건을 가져가면 안 돼. 경찰서에 잡혀가.

유아 H: 여자와 남자 친구를 구별해서 놀지 마. 너도 속상하
면 울잖아. 속상하면 누구나 울 수 있어. 친구를 구별
해서 놀이하는 것은 잘못된 행동이야.

앞으로도 이런 상황극을 여러 번 할 생각이다. 내년에 학교에 입
학하게 될 가을 학년에게 꼭 필요한 활동이다. 상황극을 통해서 우리
유치원 밖 어디에서도 당당하게 생각을 밝힐 수 있는 사람으로 성장
하게 될 것이라고 믿는다.

이는 2018년 6월 18일의 기록이다.

3) 경쟁

내가 기피하는 교육 가치 중 하나가 '경쟁'이다. 유아기에 경쟁
이 바람직하지 않다는 것에는 누구나 공감하고 찬성할 것이다. 하지
만 점점 학년이 올라가면서 학업 성취와 미래에 대한 불안감이 생기
고 가치관의 혼란을 느끼는 학부모가 늘어간다. "이렇게 경쟁하지 않
고 지내다가 학업 성취에서 뒤쳐지는 것은 아닐까요?", "성인이 되면
어차피 경쟁해야 살 수 있지 않나요?" 이런 질문을 하는 학부모가 있
고, 유아의 태도에서 느껴지기도 한다.

먼저 공부할 때 경쟁을 하는 이유가 무엇인지 생각해 보자. 내가
공부하기로 목표한 것과 알아야 하는 내용을 메타 인지를 발휘해서
확실하게 혼자 정리하고 알아 가면 된다. 나와 친구가 모두 잘 이해하

면 되는 것이다. 우리 공교육에서조차 초등학생의 시험을 지양하고 있으나 그동안의 관습을 버리지 못한 어른들은 석차에 목말라 한다. 공부는 시험과 순위를 통해서 확인하는 것이 아니라 자기 내면의 변화이며 자신의 성취이다. 내가 다른 친구들보다 잘하는 것이 중요한 것이 아니라 내가 충분히 알고 있는지 스스로 확인하는 메타 인지 능력을 키우는 것이 중요하다. 무엇이든 남과 비교해서 이기는 것에 가치를 두면 끝없는 불행을 안고 살아야 한다. 학급에서 1등을 해도 불행하다. 전교에서 1등을 해도 더 높은 상대는 늘 있다.

성인이 되면 어떤 경쟁을 해야 할까? 같은 입사 시험을 보고, 같은 생활 수준의 삶을 살거나 아니면 반드시 더 잘살아야 하는 것일까? 자신이 가진 능력을 최대한 발휘하고, 자신의 삶을 영위할 능력을 갖추는 것이 경쟁하지 않고도 행복한 길이다. 초등학교에 다니는 시기인 학령기에는 자신의 삶을 스스로 준비하고 개척하는 시기가 되어야 한다. 꿈을 빨리 정하라는 것이 아니다. 자신의 특성을 잘 알고 인격도야(人格陶冶)에 충실한 과정을 겪어야 한다. 누군가와 비교해서 자신의 위치를 확인하고 싶어 하는 것이 아니라 자신만의 가치에 만족하고 채워 가면서 자존감을 높여야 한다. 자존감은 스스로 자신을 높이는 것이며, 자존심은 남을 의식하는 상대적 가치이다. 부모님의 자존심을 채우려는 양육이 아니라 경쟁적이지 않은 환경에서 자존감을 지키는 자녀 양육이 되길 바란다. 그렇게 하기 위해서는 주위 어른들의 생각과 태도가 우선해서 바뀌어야 한다. 자존감을 지키는 말과 행동에 어른이 먼저 익숙해지면 좋겠다.

"남을 이기는 것은 중요한 것이 아니야."

"스스로 설명할 수 있으면 돼."

"다른 친구를 궁금해하지 말자."

진심으로 어른들이 위와 같은 말을 마음을 담아 아이에게 해 주면 좋겠다.

"친구 진이는 잘했니?"와 "현수 봐라. 잘하지?" 등은 절대 하지 말아야 하는 말이다. 경쟁은 결국 자존감을 무너뜨리게 된다.

이는 2018년 3월 29일의 기록이다.

가을 학년 교사가 자신의 반 아이가 쓴 시를 아이들에게 들려주는데, 동시를 듣던 한 유아가 내내 미소를 지으며 들었다고 한다. 교사가 동시를 다 읽어 주자 그 유아가 바로 "시가 재미있어요. 와! 대단하다."라고 말했다고 한다.

우리 유아들은 진심으로 친구가 잘되는 것을 기뻐한다. 우리 유아들 중에서 일부러 친구를 깎아내리려고 하는 유아는 없다. 내가 연구하고 교사들과 함께 노력한 만큼 유아들이 아름답게 자라니 행복하다. 자신을 사랑할 줄 모르는 사람이 친구를 사랑하는 것은 불가능하다.

우리는 시합을 할 때도 "이겨라."라고 응원하지 않는다. "힘내자, 힘내라!" 이렇게 격려한다. 친구끼리 이길 필요가 없기 때문이다. 절대로 친구의 작품과 비슷하거나 같게 만들기를 권장하지 않는다. 이제는 더 이상 경쟁이 중요한 시대가 아니며 개인의 행복을 위해서도 자신이 좋아하는 일을 찾아가는 것이 중요하다.

이제 막 입학한 유아들 중에는 다른 친구에게 관심이 없거나 다른 친구가 좋아 보이면 샘을 내는 유아들도 있을 것이다. 그러나 교사들의 교육과 생각 안에서 점점 긍정적인 사회관계 기술을 갖게 될 것이다.

이는 2020년 4월 25일의 기록이다.

4) 저는 못해요

그림을 통 그리지 않으려던 시호는 알고 보니 어머니가 그림을 그리는 일을 하는 분이셨다. 시호의 눈에 어머니의 그림과 자신이 그린 그림이 비교되면서 위축된 것이다. 가정에서도 "나는 그리기 싫어, 엄마가 그려 줘."라고 하면서 이것저것 요구한다고 했다. 이런 시호에게 가정과 유치원에서 꽤 오랜 시간 노력을 했다. "그림은 그리는 사람이 나타내고 싶은 것을 그리는 거야.", "엄마가 그려 준 그림은 엄마의 그림이지 시호의 그림이 아니야." 등 결과보다 과정에 관심을 두고, 대화를 통해서 고칠 수 있었다. 시호의 행동에 대한 원인을 찾지 않았다면 그냥 지나쳤을 것이고, 시호는 계속 결과 지향적인 불행한 학습자가 되었을 것이다.

'자기 조절력 검사'는 유아들이 잘하고 못하는 것을 겁내지 않고 해 보려는 능력과 실패한 경험을 두려워하지 않고 다시 도전하는 능력을 보여 준다. 이 결과는 스스로에 대한 자신감, 즉 자존감과도 연결된다. 검사 결과만을 가지고 유아를 평가하는 것은 매우 위험하므로, 검사 결과와 관찰을 연결하여 유아를 이해하는 것이 교육에 반영

되어야 한다. 우리 유치원에서 자기 조절력 검사를 하는 이유는 도전과 실패에 대한 유아들의 현재 성향을 확인하기 위한 심리학 실험 중 하나이기 때문이다.

먼저 비슷한 난이도의 활동을 2개 준비한다. 보통 도형 맞추기를 하는데 모두 할 수 있는 난이도의 활동들이다. "이 도형 맞추기를 선생님이 종을 치기 전에 끝내 보세요."라고 이야기하고 다 마치면 종을 친다. 두 번째는 도형 맞추기를 조금 덜 했을 때 종을 친다. 그리고 "한 번 더 기회를 주는데, 어떤 것을 하고 싶나요?"라고 선택을 하게 한다. 자신의 놀이성이 발현되는 유아들은 아쉽게 끝내지 못한 활동을 선택한다. 실패에 대한 두려움이 있거나 타인의 시선에 신경을 쓰는 유아들은 성공한 활동을 다시 고르는 확률이 높다. 유아의 행동과 심리 상태 연구가 활발해진 지 불과 50년 안팎이며 지금의 부모나 교사는 유아를 이해하는 환경에서 성장하지 못했기에 경험만으로 바른 교육을 실천할 수 없다. 새로운 이론과 학문을 열린 마음으로 받아들이고 교육에 적용하도록 부단히 노력해야 한다.

지금 당장 크게 느껴지지 않더라도 성장하면서 걸림돌이 될 문제들은 빨리 알아차리고 환경을 바꾸어 주어야 한다. 유아들이 오이지, 장아찌, 김장하기 활동을 하는 이유는 과정이 있어야 결과가 있다는 것을 알려 주고, 정성이 들어간 음식에 애정이 생기기를 바라는 마음에서 하는 것이다. 어떤 일이든 과정을 즐기고 중시하는 환경을 만들어 주어야 자존감 높은 사람으로 성장하고 이후에도 남과 비교하지 않고 자신의 가치를 아는 사람이 된다.

이는 2016년 4월 19일의 기록이다.

앞의 글과 같은 맥락의 글이 있어 함께 소개한다. 다음은 민주에 대한 교사의 일화 기록이다.

"그리기를 끝까지 못하겠다며 교사에게 도움을 요청해 색칠하는 활동만 했다."

이 글을 보면서 나는 민주의 자기 조절력 검사 결과가 궁금해서 교사에게 물어보았다. 교사는 "우리 반 유아 중 유일하게 도전하지 않았어요."라고 했다. 내 예상을 벗어나지 않았다. 자존감 혹은 자기 효능감[18]이 떨어지는 것이다. 하지만 괜찮다. 민주도 교사와 부모의 노력으로 졸업 전에 달라질 수 있다. 이런 유아들에게는 결과물에 대한 칭찬은 더더욱 삼가고 때로는 결과에 무심한 모습을 보여야 한다.

외모에 대한 칭찬이나 '착하다.'라는 칭찬 역시 유아들의 자존감을 높이는 데 도움이 되지 않는다. 칭찬 대신 관심과 격려가 필요하다. "재밌겠다. 재밌게 하고 있네. 그다음이 어떻게 될지 기대된다." 등으로 과정에 관심을 보여야 한다. 도전 의욕은 기질적인 영향보다 결과 지향적인 환경, 사랑을 받고 싶은 욕구 등 다양한 환경 요인의 영향이 크다. 도전 의욕이 낮은 유아들은 타인의 시선에 신경을 쓰고, 그러다 보니 결과물을 걱정하여 과정을 즐기지 못하거나 아예 시도하지 않으려는 경우가 많다.

그런 성향을 가진 유아들은 대부분 매사에 조심스럽고 교사를 힘들게 하지는 않는다. 그러다 보니 교사는 유아의 성향을 그냥 간과하고 넘기거나 오히려 쉬운 성향의 유아라고 생각하기 쉽다. 하지만 유아 개인의 발전과 행복을 위해서는 반드시 개선되어야 할 성향이다. 이런 성향이 지속되면 발전적 사고나 발달에 도움이 되지 않는다.

내가 하고 싶은 대로 하는 것이 아니라 타인의 시선에 신경을 쓰다가 활동이 위축될 수 있다.

자존감에 도움이 되지 않는 가정과 교육 기관의 환경 예시를 생각해 보면 실수를 줄일 수 있을 것이다. 최근 교육 기관에서 흔하게 사용하는 중국산 교재들이 그중의 하나이다. 반쯤 완성된 제품을 주고 조금만 꾸미면 되는 활동은 결과물이 그럴싸해 보이지만 유아들도 본인의 힘이 많이 미치지 않았다는 것을 안다. 그런 활동들은 오히려 유아들의 자존감을 떨어뜨린다. 유아들은 조금 서툴러도 처음부터 끝까지 스스로 한 것에 더 애정을 가지고 만족해한다.

이는 2023년 5월 25일의 기록이다.

5) 사회관계 기술과 친구

기대 수명이 길어진 시대에 사는 우리에게 건강한 인간관계는 중요하다. 그렇기에 이별의 슬픔을 극복하지 못할 정도의 인간관계는 득보다 실이 훨씬 많다. 현대 사회는 과거보다 더 다양하고 세분화한 업무를 요구한다. 그럴수록 다른 분야 친구들과의 교류를 넓혀야 건강한 사회관계를 맺을 수 있고, 우리의 생각과 행동을 넓힐 수 있다. 일부 친구와의 끈끈한 관계만을 고집하면 다른 사람과의 좋은 관계를 놓칠 수 있고, 잘못된 관계임을 깨달아도 벗어나기가 어렵다.

나는 연구를 통해 학교 폭력에 연루된 학생들이 혼자 행동하는 경우는 거의 없음을 알았다. 비행을 저지를 때도 혼자서 하는 경우는 드물다. 이렇게 부정적인 행동을 할수록 절대 배신하지 않는 끈끈한 관계를 요구한다. 외부의 어떤 사람도 들어오기 힘든 결속력을 중요하게 생각한다. 배신한다면 함께 침몰할 수밖에 없으니, 잘못된 행동임을 깨달아도 빠져나가지 못하는 관계를 만들려고 한다.

유아들에게 건강한 관계 형성을 지도할 방향은 청소년, 성인기의 심리와 사회관계를 바탕으로 답을 찾을 수 있다. 내 연구 결과 괴롭힘과 왕따는 초등학교 1학년부터 나타났다. 초등학생 이상을 대상으로 했던 연구지만, 유아들까지 포함하였다면 유아들에게도 나타났을지 모른다. 어쨌든 주목해야 할 점은 초등학교 1학년이 그런 행동을 한다는 것은 유아기 이전에 학습되었다는 것이다. 괴롭힘과 왕따는 특히 여아들에게 빨리 나타났다. 건강한 관계는 행복하고, 즐겁고, 상처받지 않는 긍정적인 관계여야 하며 이는 유아들도 마찬가지이다.

정서적으로 안정될수록 다양한 친구들과 잘 지낼 수 있다. 애착이 제대로 형성되었다면 한 친구나 특정 대상하고만 관계를 맺으려고 하는 소유욕을 보이지 않는다. 누구하고나 함께 놀 수 있는 준비가 된 유아들은 내가 하고 싶은 놀이를 선택할 수 있고, 같이 놀이하는 친구들과 기꺼이 즐겁게 놀이할 수 있다. 때로는 친구가 권유하는 놀이를 하거나 친구에게 놀이를 권유할 수도 있지만, 내가 하고 싶지 않으면 정확하게 의사를 밝히고 친구의 거절도 받아들여야 한다. 이것이 궁극적으로 유아들이 익혀야 하는 사회관계 기술이다. 학령기가 되어서도 나와 다른 친구를 배척하거나 괴롭히지 않고, 자신이 괴롭힘을 당하지도 않으려면 당당한 자기주장이 필요하다. 나아가 폭넓게 친구들과 지낼 수 있어야 하므로 유아기부터 사회관계 기술을 학습해야 한다.

유아들은 내가 놀자고 했는데 싫다고 하면 나를 싫어한다고 생각하기도 하고, 무조건 친구를 돕겠다고 먼저 나서기도 한다. 조금 성장한 후에는 특정 친구하고만 놀려고 하고, 그 친구가 다른 친구와 놀면 속상해하거나 화를 내기도 한다. 이런 행동이 나타나는 순간이 사회관계를 학습할 수 있는 가장 좋은 기회이므로 교사들은 반복적으로 설명하고 모든 친구와 즐겁게 지내도록 독려한다. 누구에게도 해가 되지 않고 각자 다양성을 인정하는 건강한 사회관계 기술을 가진 유아들이 되기를 소망한다. 그래서 친구들에게 선물로 환심 사지 않기, 성별을 나누어 놀지 않기, 한 친구하고만 놀지 않기 등을 강조하는 것이다.

이는 2022년 9월 1일의 기록이다.

6. 적기 교육

1) 조기 맘에서 적기 맘으로

'강남에서 조기 맘들이 적기 맘으로 변화되어 간다.'는 중앙일보 기사[19]가 부디 사실이기를 바란다. 그 기사처럼 부모들이 강남의 적기 맘을 따라가며 모두 적기 교육에 정열을 쏟기를 바란다. 우리는 대단한 교육열을 가졌는데 그 교육열의 방향이 이제는 바뀌어야 한다. 나는 '세계 최고 선진국'과 같은 말을 별로 좋아하지 않는다. 기준이 모호하기 때문이다. 어떤 부분에서 무슨 이유로 선진국인지, 어떤 이유에서 최고라고 생각하는지 기준이 제시되어야 한다. 교육에 있어서 적어도 유아의 행복과 미래를 기준으로 선진국이라고 생각하는 몇몇 나라들이 있다. 이 나라들은 가장 중요한 유아기를 자유롭게 놀도록 해 주는 분위기이다. 그것도 가능한 자연에서 노는 것을 중요하다고 생각한다. 내가 선진국이라고 생각하는 이유는 이론적으로 충분한 근거를 가진 교육을 실천하기 때문이다.

우리나라의 교육열도 충분한 근거가 있는 교육열이기를 바란다. 중앙일보 기사에서 '수학은 언제 시킬까? 한글을 언제 시킬까? 영어는 언제 시킬까?' 등의 적기를 따진 것이 좀 안타깝다. 물론 관심이 생길 때까지 소위 체계적이라는 교육을 하면 안 된다는 결론이었지만 적기 교육에 굳이 수, 한글, 영어를 언급한 것이 안타깝다. 유아기에 필요한 적기 교육은 간단하다. 놀이만 하는 것이다. 놀이를 풍부하게 만들기 위해서 교사의 안내와 관찰이 동반되어야 한다. 그러려면 교사의 연구 능력이 중요하다.

'자연 속에서 작은 변화를 감지하며 보내기', '누군가에게 예쁘게 보이기 위한 노력이 아니라 내가 행복하고 즐거운 놀이하기', '나와 친구가 어울려 살기 위해서 친구를 배려하며 놀이하기' 등이 유아기에 꼭 이뤄야 하는 적기 교육이고, 유아기 교육의 목표가 되어야 한다. 이런 기준에서 나는 우리 유치원이 가장 적합한 곳이라고 자부한다. 중앙일보 기사가 반향이 되어서 우리나라가 유아 교육의 선진국이 되길 간절히 바란다.

이는 2017년 3월 22일의 기록이다.

2) 조기 교육, 적기 교육, 사교육, 선행 학습

우리 유치원 교사들은 거의 매일 나와 연수(硏修) 시간을 가지며 교육 계획이나 교육 평가 등을 함께 이야기한다. 이때 교사들은 교육과 관련한 질문을 하고, 나는 새로운 이론이나 점검할 이론을 설명한다. 이런 시간은 쉽지 않은 일과지만 교사들이 자부심을 가지며 임하는 시간이자 우리 유치원 교육의 근간이 된다. 나는 이 시간에 교사들에게 종종 각 학급 유아들의 발달 수준을 질문한다. 이는 유아들의 발달 상황이 적절한지, 지금의 활동들이 발달에 적합한 수준을 유지하고 있는지 점검을 하기 위해서다. 이런 질문을 하면 종종 교사들이 하는 대답이 있다.

교사 1: 윤호가 갑자기 수업이나 활동에 의욕을 안 보여요. 활동에 관심이 확 줄었고 하고 싶어 하지 않아요. 조기 교육을 하는 것 같아요.

교사 2: 하리는 숫자 놀이가 재미가 없다고 하고, 숫자에 관심을 일부러 안 주는 것처럼 느껴져요. 아마 사교육을 시작한 것 같아요.

교사 3: 정이는 요즘 들어 갑자기 한글에 관심이 없어졌어요.

전에는 친구들 이름을 읽고 싶어 하고 관심을 갖기
시작했는데, 학습지를 한대요. 그 이후부터 갑자기 글
자를 안 보려고 해요. 그리고 자신감이 많이 떨어졌어
요.

교사들의 이런 반응을 보면서 교육에 대한 용어를 정리할 필요
를 느꼈다. 위의 대화처럼 조기 교육, 사교육, 학습지 등등의 용어가
혼용되고 있는데 교사들이 느끼는 문제의식은 하나이다. 유아들이 억
지로 하는 교육, 혹은 관심이 없는 교육을 받아 배움의 동기가 저하됨
을 교사들이 걱정하는 것이다. 이럴 때는 어떤 용어를 사용하는 게 적
절할지 생각해 봄으로 유아 교육에 대한 정의와 철학을 정리하면 좋
겠다.

사교육은 교육의 병폐(病弊)처럼 알려진 용어이다. 그런데 사교
육이 교육의 병폐라고 할 수 있을까? 국가가 불특정 다수의 국민이 낸
세금으로 교육 기관을 운영하기에 공교육이라고 명명한다. 이에 대한
상대적 용어가 사교육이므로 사교육을 모두 나쁜 것이라고 할 수는
없다. 부모의 철학이 확고하고 그 기관의 교육이 옳은 방식이라면 사
교육이 병폐가 되어서는 안 된다. 사교육과 공교육은 교육 주체를 일
컫는 말이지 옳고 그름을 나타내는 말은 아니다. 단지 사교육과 공교
육의 철학이 다르거나 두 가지를 모두 하느라 학생이 학업에 집중할
수 있는 시간 없이 혹사당하게 된다면 이는 병폐가 된다. 따라서 사교
육, 공교육은 교육 철학에 따라서 부모와 학생이 선택할 문제이다.

조기 교육과 적기 교육도 마찬가지이다. 인간은 태아기부터 학

습을 한다. 교육의 사전적 정의는 '지식과 기술 따위를 가르치며 인격을 길러 줌.'이다. 교육은 학습할 수 있도록 이끌어 주는 것이므로 적절한 시기에 유아의 발달에 맞는 방법으로 적기 교육이 이루어진다면 이 또한 필요한 교육이다.

교육의 옳고 그름에 대한 판단은 철저하게 교육 방법론에 달려 있다. 우리 유치원은 36개월부터 입학을 하는데 "그렇게 어린아이에게 무엇을 가르쳐?"라고 생각할 수 있는 연령이다. 그러나 우리도 연령별로 발달해야 할 과업들이 있고, 아이의 발달 과업[20]을 적절한 방법으로 교육하니, 적기 교육을 한다고 할 수 있다. 그러나 일부 학원이나 교육 기관에서 놀이를 통한 학습을 한다면서 교재, 교구, 시간표, 강사들이 있다면 그것은 놀이가 아니다. 이것은 조기 교육이다.

봄 학년이나 여름 학년 유아들이 한글을 다 알 필요도 없고, 숫자도 높은 단위의 숫자까지 알 필요는 없다. 그러나 발달 단계상 한글이나 숫자에 관심을 기울이고, 알고 싶어 하고, 조금씩 발전하고 흥미를 보여야 하는 시기이다. 이런 시기에 선행 학습을 시도해 오히려 흥미를 잃게 만든다면 적기 교육도 조기 교육도 실패하게 될 것이다. 교육의 기초를 탄탄하게 하는 시기가 유아기라는 것을 잊으면 안 된다. 이 시기의 교육은 '스스로 배우는 것이 재미있다고 느끼도록 해주는 것'이 목표이다. 그러기 위해서는 시간과 상황을 만들어 주어야 한다. 유아기에 공부가 싫고, 재미없고, 지겹다고 느끼게 되면 돌이키기 어렵다. 앞으로도 학습과 공부에 대한 이미지가 그대로 남을 확률이 높아진다.

유아기에 철저히 배제되어야 하는 교육은 발달에 적합하지 않은 선행 학습, 빠른 성과를 내기 위한 주입식 교육, 방식은 놀이 같아도 진도와 목표가 있는 유사 놀이 교육이다. 학생과 교사, 부모가 하나의 교육 철학과 방법에 집중하고 충실하면 높은 교육적 가치를 얻을 수 있다.

최근 들어 공교육이 무너졌다는 표현을 하는 것은 교육 주체의 정체성이 충돌하는 사회가 되었기 때문이다. 앞으로 학생, 교사, 학부모가 철저히 서로를 신뢰하는 교육을 선택하고 이에 집중하길 바란다.

이는 2020년 2월 6일의 기록이다.

3) 소크라테스 학습법

유아들의 교육적 성과를 극대화하기 위한 조건으로 주위 사람들의 긍정적인 생각과 사고가 필요하다. '긍정의 힘'은 이미 모두 알고 있겠지만, 유아 교육에 있어서 유아를 믿고, 유치원의 교육에 공감하고, 여유롭게 기다려 주는 '양육자의 힘'은 이론뿐만 아니라 현장에서도 크게 느낀다. 부모들이 가정에서 해 줄 수 있는 가장 큰 교육적 조력은 '들어 주기'이다. 유아의 말을 열심히 들어 주고, 이를 비난하지 않으며, 부모의 생각을 말해 주는 것만으로도 유아의 인성, 사회관계, 그리고 학교 성적 모두 훌륭하게 성장할 수 있다. 이는 사교육보다 확실한 해법이다.

그런데 아이의 말을 들어 주고 싶어도 말을 하지 않는다고 말하는 부모들이 있다. 초등학교, 중·고등학교 특강에서 만난 부모들이 보이는 반응이다. 혁신 교육을 실천하고 싶지만 학생들이 자발적으로 공부할 줄 모르고 놀기만 한다고 평가하는 사람도 많다. 혁신 교육을 비난하면서 "교사와 학생들의 놀이 비용으로 국민의 혈세를 써야 하냐?"고 어떤 공무원이 쓴 글도 보았다. 모두 공감되는 말이다. 아마 전문가나 학자들이 실상을 모르면서 탁상공론한다고 생각할 수도 있다.

사실 우리에게 필요한 학습법은 소크라테스식 대화와 토론이다. 그렇기에 학자들은 자녀의 수다를 많이 들어 주라고 하는 것이다. 아이는 부모에게 말하면서 스스로 공부해야 하는 내용을 정리할 수도 있고, 바른 처세가 무엇인지 스스로 해답을 찾기도 한다.

하지만 안타깝게도 현실은 그렇지 못하다. 이미 많은 부모가 아이의 유아기부터 학습을 지시하거나 사교육에 비용을 주고 맡겼기 때문에 부모들도 자녀들도 연습하고 발전할 기회를 갖지 못했다. 아이와 공유한 시간이 없으니 할 말도 없고, 대화가 되지 않는다. 사교육이 아무리 완벽해 보여도 부모와 자녀의 친밀한 대화와 경청 없이 성공하기 어렵다.

적어도 우리 유치원 유아들과 부모들은 지금부터 즐겁게 대화하는 학습자가 되기를 바란다. 우리 교사들도 유아들과 활동하면서 새롭게 배우고 느끼는 것이 많다고 말한다. 그런 말을 들을 때 난 기쁘다.

이는 2017년 10월 15일의 기록이다.

4) 유아기의 투자 대상

　6세 이전에 투자해야 투자 수익이 나는 영역이 있다. 그중에서
도 가장 우선하는 영역은 건강이다. 건강을 위해서 바른 먹거리로 평
생의 식습관을 형성하고, 평생 운동 습관을 만들어 주어야 한다. 뇌
의 크기와 무게가 6세 이전에 형성된다는 사실은 과학 기술로 알아냈
으나, 학습을 하는 모든 단계를 명확하게 확인할 수 있는 기계는 아직
없다. 인문학을 동원해서 추상적이고 우회적인 방법으로 학습 과정을
찾아야 한다.

　교육은 뇌 과학, 학습 이론 등 여러 학문과 매우 밀접하게 연관
되어 있지만, 우리나라는 다른 학문의 연구 결과를 반영하지 않고 이
전의 관습을 답습하는 보수적인 경향이 있다. 다른 과학 분야와 마찬
가지로 교육에 관련한 연구도 20년 전보다 지금 그 내용이 비약적으
로 발달했다. 그러나 우리나라는 시대에 맞추어 목표는 다르게 설정
하면서도 이전의 불합리한 교육 방법은 고수하는 모순을 보인다. 이
는 모든 연구가 실천 방법을 직관적으로 제시하지 못하고 있기 때문
인 것 같다. 내가 전에 썼던 '교육 이야기'를 검색하니 나 역시도 구체
적인 행동을 제시하지 않고 매우 원론적이고 피상적인 이야기를 많이
했다.

　이 글을 읽는 독자들이 스스로 생각하면서 교육에 대한 입장을
정리하는 기회가 되면 좋겠다. 지금부터는 6세 이전 유아기에 투자해
야 하는 많은 영역 중 극히 일부분인 뇌의 학습 기제 발달에만 집중하
여 서술하고자 한다. 유아기 교육의 모든 목적과 목표가 뇌 발달과 학

습을 위해서 존재하는 것은 아님을 미리 밝히고 오해 없기를 바란다. 모든 교육에서 아래의 질문을 철학적 기초로 답을 찾으려 노력하면 일관된 교육을 할 수 있다.

질문1) 교육 결과가 언제 드러나기를 바라는가?
　　① 오늘　　② 1년 후　　③ 20년 후

질문2) 미래를 위해서 현재는 불행해도 괜찮은가?
　　① 그렇다　　　　　　② 아니다

질문3) 교육을 하는 목표는 무엇인가?
　　① 부　　② 명예　　③ 학업 성취　　④ 행복

뇌 발달은 공부 잘하는 목표에 부합되는 발달 영역이다. 10년 후 공부를 잘하기 위해서는 6세 이전에 무엇을 해야 하는가? 16살에 공부 잘하는 학생의 특성을 생각해 보면 된다. 학업 성취를 설명하는 변수로 가장 큰 설명력을 갖는 것은 메타 인지이다. 공부를 잘하는 사람이 모두 아이큐(IQ)가 높은 것은 아님을 경험적으로도 알 것이다. 그래서 노력을 강조하며 누구나 노력하면 된다고 생각했다. 하지만 노력하기도 만족 지연과 관련된 또 다른 하나의 능력이다. 이 성향은 스스로 조용히 사고하는 과정을 즐기고 인내하는 힘이다.

즉, 공부를 잘하는 기초적인 성향은 메타 인지와 만족 지연이다. 따라서 학업을 위해서 유아기에 투자해야 하는 분야는 덧셈, 뺄셈, 한글 읽기가 아니라 메타 인지와 만족 지연 능력을 최대화하는 교육이다. 메타 인지가 발달하도록 하는 조건은 오늘 당장 눈에 보이는 결과가 없어도 꾸준히 실천하는 교육자의 능력이다.

> "인수는 여기까지 스스로 했구나. 그다음도 할 수 있을까? 어디를 도와줄까?"
> "아, 그랬구나. 그래서 다음은 어떻게 되었는데?"

이런 질문 속에서 스스로 하는 경험과 시간을 유아에게 충분히 주었는지 점검해 보자. 6세 이전에는 사고하는 과정을 글로 쓰거나 그래프를 그리는 것이 아니라 손으로 만지고 다리로 움직이며 실패하고 어지르면서 알게 되고, 이것을 설명하면서 앎의 기쁨을 느껴야 '사고하는 뇌'가 만들어지기 시작한다. 이런 교육법은 책에도 없고, 학원에도 없다. 오로지 6세까지의 교육을 담당하는 부모, 교사의 역량과 환경의 조성으로 가능하다. 견고하고, 비싸고, 형태를 변화시키지 못하는 멋진 장난감보다 실컷 변형 가능하고 분리수거할 수 있는 재활용품으로 하는 만들기 놀이가 훨씬 도움이 된다. 손을 사용하여 자유롭게 만들면서 뇌는 더 많이 움직일 것이다. 자신이 생각할 필요도 없는 영상을 보면 뇌는 거의 움직이지 않는다. 그런 경험이 반복되면 점점 생각하기가 싫어진다. 우리가 가만히 누워 있는 것이 편하다는 것을 느끼면 운동하기가 귀찮아지는 것처럼.

메타 인지 발달을 막으려면 생각하는 것을 방해하는 지시적이고 수동적인 방법을 적용하면 된다. "여기까지 해.", "영상 보고 따라

해 봐. 그래도 뭔가 알게 될 거야.", "친구도 다 하니까 너도 할 수 있어."라는 식의 교육은 스스로 생각할 필요가 없기에, 생각하는 힘을 키울 수가 없다. 메타 인지를 키우고 생각하기를 즐기는 뇌를 만들려면 스스로 목표를 세울 수 있어야 한다. 교사와 부모의 생각이 달라지고 더 나은 교육 환경을 조성하는 데 투자를 해 보자. 메타 인지와 만족 지연에 대한 교사와 부모의 이해가 깊을수록 유아들의 교육에 고스란히 전달될 것이다.

이는 2021년 3월 5일의 기록이다.

5) 장난감! 놀이의 방해꾼

　요즘 우리 유아들이 가정에서 무엇을 하며 지내는지 궁금하기도 하고, 길게 이어지는 코로나19 상황으로 지친 부모들과 가족들이 가장 수월한 놀잇감을(스마트 기기) 허용해서 유아들이 좋지 않은 영향을 받을까 봐 걱정도 된다. 유아들에게 놀이가 매우 중요하다는 건 이미 많이 연구되고 있지만 어떻게 놀이해야 하는지 정확하게 알고 있는 부모들은 많지 않을 것이다. 유아들에게 좋은 놀이 조건이 무엇인지 함께 나누고 싶어 정리해 보았다.
　첫째, 유아들에게 좋은 놀이는 누군가 정해 놓은 내용을 하는 것이 아니라 일상에서 스스로 찾아낸 놀이이다. 가상 세계가 아니라 직접 보고 듣고 만지는 것, 그중에서 나의 생활 속에 있는 것이어야 한다. 가정이나 유치원 등 익숙한 환경에서 유아는 더 창의적이고 깊이 있는 놀이를 할 수 있다. 낯선 환경은 새롭고 자극이 될 수 있지만, 탐색하고 적응하는 데 더 많은 시간과 열정을 쏟다가 정작 놀이에 몰입하기 어려울 수 있다. 그래서 유아들에게 안정된 환경과 일상은 중요하다.

둘째, 유아들의 발달에 적합한 놀이여야 한다. 스마트 기기를 사용하는 것에 대해서 어떤 아버지들이 "어차피 애들은 그런 세상에 살거잖아요?"라는 반문을 종종 한다. 물론 그렇다. 하지만 제공 시기가 적절해야 한다. 정서적으로 스마트 기기를 통제할 수 있는 연령이어야 하며, 그보다 더 중요한 인성과 가치 판단력에 충분한 발달이 일어난 후에 사용해야 한다. 유아에 맞춘 유해하지 않은 앱이니까 괜찮다는 논리는 유아기의 발달 특성을 전면 부인하는 것이다. 유아기는 신체 활동에 기반을 둔 사회, 인지 발달이 사람과의 관계에서 일어나야하는 시기다. 그렇기에 혼자 놀이하는 스마트 기기뿐만 아니라 상업화된 장난감조차 바람직하지 않다. 혹여 학습에 효과가 있다 하더라도 스마트 기기는 부적절하다. 인지 발달만 원한다면 당장은 빠른 효과를 느낄지도 모른다. 그러나 멀리 내다보면 결국 모든 영역이 하향평준화하는 부정적인 결과를 초래할 것이다. 모자랐던 인성과 사회성의 발달이 균형 있는 삶의 발목을 잡을 것이다. 사회성, 신체 발달이 가장 중요한 시기에 기계가 시간을 잠식하면 심각한 발달 부조화를 낳는다.

셋째, 유아 자신이 찾아내고, 새롭게 만들고, 상상력을 불어넣은 놀이여야 한다. 자신이 하고 싶은 것이 무엇인지 알고, 도움을 청하더라도 정확하게 도움을 청할 수 있어야 한다. 메타 인지도 놀이를 통해서 발달한다. 상업화된 장난감은 두뇌를 자극하는 인지의 갈등이나 새로운 놀이의 개발을 제한한다. 할머니의 양육을 새롭게 받게 된 한 유아가 어느 날 교사에게 "선생님, 나 이제 장난감 다 버리기로 했어요."라고 했다고 한다. 장난감과 스마트 기기 때문에 신경을 많이 썼던 유아였는데 현명한 조부모는 장난감이 놀이에 도움이 안 된다는 것을 느껴 유아를 설득한 것 같다. 그렇다면 유아를 위해서 해 줄 수 있는 것은 무엇일까? 집에서 무엇으로 놀 수 있을까? 싱크대 안에 있는 가벼운 그릇들, 망가뜨려도 되는 물건들, 상자, 종이, 물감 등이 놀이를 자극할 수 있다. 도움을 청할 때까지 절대로 가르쳐 주지 말고, 놀이를 방해하지 않고, 청소의 부담을 감수한다면 유아들의 놀이가 바람직한 방향으로 갈 것이다.

이는 2020년 5월 1일의 기록이다.

IV. 세계가 주목하는 유아 교육

유아기에 가장 중요하게 배워야 하는 가치는 서로에 대한 존중과 배려이며 다양성을 인정하는 자세이다. 이는 세계적 교육 추세이기도 하다. 그러나 우리는 여전히 모두가 같은 방법으로 같은 문제를 풀어야 하고, 학원에 안 다니면 뒤처질까 걱정한다. 단언컨대 절대 그렇지 않다. 우리 유아들의 발달이, 관심사와 개성이 모두 다르듯 각자 좋아하는 방법으로 필요한 모든 것을 익힐 수 있다.

1. 21세기가 원하는 것은 가장 인간적인 것

제4차 산업 혁명이 일어나는 시기를 살아야 하는 우리 유아들은 우리가 알지 못하는 직업을 갖게 될 확률이 65% 이상이라고 한다. 감히 나는 미래가 어떻게 변할지 예측이 안 된다. 그래서 다보스포럼(World Economic Forum), 경제협력개발기구(OECD), 유네스코(UNESCO)의 보고서를 자주 확인한다. 세상을 내다보는 석학들의 생각을 공유하기 위해서 노력하지만, 나 역시 현재의 눈으로 볼 수밖에 없다. 변하지 않는 사실은 사람의 삶에서 유아기가 어떤 시기보다 중요한 위치를 차지한다는 것이다. 그렇기에 인문학적, 자연과학적으로 증명이 되어 있는 유아기의 중요성에 주목한다.

유아기는 다른 시기와 같이 생각해서는 안 된다. 가정에서도 유아기에는 최선을 다해서 사랑하고 최선을 다해서 유해 환경을 피하는 것에 집중해야 한다. 교육에 대한 세계적 기준을 만드는 국제표준교육분류(ISCED) 2011에서도 0단계인 유아기 교육에서 기준에 적합한 교사 자격, 기관 수준, 교사와 아동의 비율보다 더 중요한 것이 바로 교수 학습 방법의 질적 수준이라고 명시하고 있다.

우리는 융합의 시대를 살고 있다. 각자의 전문 분야 하나만으로 가치를 창출하는 시대가 아니라 여러 분야의 지식이 서로 교환하고 융합되어야 하는 시대인 것이다. 그래서 유아기에 가장 중요하게 배워야 하는 가치는 서로에 대한 존중과 배려이며 다양성을 인정하는 자세이다. 흔히 듣는 말이지만 아직 우리는 이를 실천하지 못한 채 자녀를 기르고 있는 듯하다. 부모뿐만 아니라 교사들도 여전히 20세기의 눈으로 학생들을 가르치고 있다. 모두가 같은 문제를, 같은 방법으로, 같은 양을 해결해야 하는 방식의 학습지를 하고, 이를 안 하면 뒤처질까 걱정한다. 단언컨대 절대 그렇지 않다. 우리 유아들의 발달이 모두 다르고 관심사와 개성이 모두 다르듯 유아들은 각자 좋아하는 방법으로 필요한 모든 것을 익힐 수 있다.

우리 모두 함께 배워야 하는 것은 문제 푸는 기술이 아니라 다른 사람의 마음을 헤아리는 방법이다. 그러기 위해서 예절도 익히는 것이다. 다른 사람에게 너그럽기 위해서, 배려하기 위해서는 나에 대한 자신감, 즉 자존감이 우선되어야 한다. 그렇다면 이런 인성은 어떻게 생기는 것일까? 이런 가치를 알고 있는 주위 성인의 말과 행동이 모든 일상과 수업에 녹아 있어야 한다. 그래서 유아기나 초등기는 과목별로 교사가 바뀌는 것을 지양한다. 그런데 이런 본질을 잊은 채 학습지를 하고 각 과목별로 교사가 수업하는 기관이나 부모들로 인해 중요한 것을 놓치는 유아들이 안타깝다.

이는 2016년 8월 27일의 기록이다.

2. 교육에 기생하는 세력들

오늘 도교육청 TF팀 회의에 다녀왔다. 교육이 바뀌어야 한다는 절박함과 위기감은 늘 있는 것 같다. 하지만 몇 년째 참석하는 회의의 주제와 내용이 별반 다르지 않다. 교육은 전문가의 판단이 정책 입안에 반영되어야 하는 분야이다. 민주화되고 공공의 의견이 존중되어야 하는 시대지만 공공의 의견이 모두 공공선(公共善)은 아닌 전문 분야도 존재한다. 교육이 바로 그런 분야이다.

교육의 주체는 학습자이다. 그런데 교육 당사자인 학습자들은 모두 미성년자들이므로 법적 보호자가 그들의 권리를 대행한다. 그런데 우리나라의 보호자들 다수가 아직 그들이 살아온 시대의 모습을 고수하려 한다. 여전히 경쟁, 부(富), 순응을 미덕으로 여긴다. 하지만 시대는 변했고 앞으로는 더 변할 것이다. OECD나 교육 전문가들은 인간성, 협동, 창조를 미덕으로 꼽는다. 그렇다면 잘못 생각하고 있는 우리나라 보호자들을 설득하고 바로잡아 주어야 한다.

국민의 생각을 바꾸는 방법은 독서와 바른 정책이다. 그런데 불행하게도 이 두 가지 방법이 모두 막혀 있다. 독서량은 세계 최하 수준이다. 국민의 학력을 높인 강제적 교육이 독서하고 싶은 마음을 싹 앗아 갔나 보다. 국가 정책은 유권자들의 눈치를 보느라고 학습자들의 권익을 고려할 틈이 안 보인다.

오늘 회의에서도 적당히 부모들의 입맛에 타협하는 여러 가지 정책을 정리(?)하고 왔다. 매번 '다신 이런 일은 안 해야지.'라고 생각하다가도 위촉되면 또 가게 된다. 하나의 정책이라도 우리나라 유아들의 권익을 지켜 줄 수 있기를 바라는 마음으로 간다. 영어 교육 전면 금지, 특기 적성 전면 금지, 유치원 정교사가 아닌 강사의 수업 금지, 학급당 정원 축소 등을 주장하고, 유아들의 권리에 반하는 표심 눈치 보기 정책들을 반대한다. 매번 유예되기 일쑤지만 그래도 바른 방향이 무엇인지 알고는 있어야 하지 않겠는가?

이는 2018년 4월 12일의 기록이다.

3. 국가 수준 교육 과정, 꼭 필요한 것인가?

이번 학기에는 온라인으로 교육대학교 전공 필수 과목인 '교육 과정'을 강의하고 있다. 강의를 듣는 학생들과 함께 국가 수준 교육 과정과 교과서의 필요성에 대한 자신의 의견을 말하는 온라인 토론을 진행했다. 수업을 듣는 30명의 학생 중, 단 한 명의 학생을 제외한 나머지 학생들이 국가 수준 교육 과정이 필요하다고 응답하였다. 아래는 학생들의 의견이다.

> 학생 A: 교과서가 꼭 필요하지 않다고 생각합니다. 강의 중 지식채널 e〈어떻게 살 것인가?〉 영상을 보면서 교수님께서 "학습 하고, 교육하는 이유는 무엇일까요?"라고 질문하셨지요? 미래에 더 나은 삶을 위함이라고 생각합니다. 그래서 교과서에 나오는 내용이 잘 살 수 있도록 하는 데 큰 도움을 줬는지 생각했습니다. -중략- 교과서도, 낙오자도 없는 교육이 되길 희망합니다.

학생 B: 아직 우리나라는 학업 중심의 사회이고, 교과서의 내용을 기반으로 모든 시험이 이루어지고 있기 때문에 교과서가 필요합니다. -중략- 교사는 교과서에 맞는 수업을 진행해야 하며, 학생은 교사의 수업 내용을 확인하고, 넓은 범위의 수업 내용을 다시 보기 위해서 교과서가 필요하다고 생각합니다.

학생 C: 저는 국가 수준 교육 과정이 필요하다고 생각합니다. 누리과정이 국가 수준의 교육 과정으로 자리한다면 더욱 체계적인 교육이 이루어질 수 있기 때문입니다. 유치원마다 각기 다르게 행해지던 유아 교육이 아닌 국가가 공인한 교육 과정에 따른 유아 교육이 이루어진다면 모든 유아가 평등한 교육을 받을 수 있다고 생각합니다. -생략-

이처럼 이 시대 유아 교육을 전공하는 대학생들조차 지식에 대해 고정된 인식을 하고 있다. 이 토론을 통해서 ①학습과 시험을 동일하다고 간주하는 것, ②모두 같은 교육을 받는 것이 평등이라고 생각하는 것, ③기성 세대가 정한 체계를 따르는 것이 교육이라고 생각하는 것이 우리 교육 현실임을 확인했다. 이런 정도의 의식이면 놀이 중심 교육을 강조한 현재 교육 과정이 성공하지 못하고 또 다른 주입식 교육이 붐을 일으킬 것이다.

우리나라 유치원 교육 과정이 생긴 1969년 이후, 2차 교육 과정 2년을 제외하고 모두 놀이 중심이었다. 놀이 중심 교육이 정착하지 못한 채 40년이 흐른 것은 주입식이 아닌 다른 교육 방법을 적용하지 못하여 국민 의식 변화를 끌어내지 못한 것뿐인데, 마치 놀이 중심 자체가 새로운 교육이라는 듯이 강조하는 교육 당국이 이상하다. 1979년과 1980년은 지식 위주의 학문 중심 교육을 지향했지만, 세계적인 흐름과 역행한다는 비난 때문에 놀이 중심으로 수정되었다. 그러나 국민 의식은 학생 B와 같이 지식 위주의 생각이 팽배했기 때문에 오히려 추가로 주입식 교육이 성행하였다.

놀이가 곧 학습으로 연결된다는 것을 모든 국민이 느껴야 이런 불합리함이 해결될 것이다. 3차 교육 과정에서 인간 중심, 놀이 중심을 강조하면서 고등학생까지 전면 사교육 금지를 시행했지만, 우리 국민의 주입식 교육 의지는 꺾지 못했다. 교육의 변화를 가져오려면 놀이가 소모적인 활동이 아니라 가장 효과적인 학습 방법임을 유아와 부모 모두 느끼도록 수업을 구성하는 교사의 노력이 필요하다. 놀이가 무엇인지 장황한 이야기는 나중으로 미루고, 춤추고 노래 부르며 학습 내용을 전달하는 것도 주입식 교육 방법일 뿐임을 우선 밝힌다.

올해 우리 유치원은 가게놀이를 준비하고 있다. 작년에 가게놀이를 못 한 여파가 너무 크다는 것을 졸업생들을 통해 경험했기 때문에 이제 매년 할 것이다. 아래는 숲 놀이터에서 10숲(우리 유치원의 화폐 단위가 숲이다.) 만들기 놀이를 하고 있는 상황이다. 나뭇가지를 2숲, 나뭇잎을 1숲이라고 정하고 10숲을 만드는 놀이다. 여름 학년 진우가 나뭇가지 2개를 가지고 왔다.

교사: 나뭇가지 하나는 2숲이에요. 진우는 2숲이 두 개 있으

니까 지금 몇 숲이에요?

진우: 4숲이요.

교사: 10숲이 필요한데 몇 숲이 부족한가요?

진우: (잠시 생각한다.) 6숲.

교사: 6숲을 더 찾아오세요.

교사 의견: 진우는 나뭇가지 3개를 더 가져와 10숲을 완성했다. 진우는 이제 1숲인 나뭇잎을 가져오지 않고 묶음 수를 활용한다. 더불어 10의 자리 이내의 뺄셈도 가능하다.

이처럼 놀이를 통해 지식을 쌓고 학습을 한다는 확신과 경험 없이는 놀이 중심 교육이 자리를 잡을 수 없다. 그런데 유아 교육과 학생들조차 놀이와 학습을 연결시키지 못하고 유아들은 무조건 놀이만 하면 된다고 생각한다면 국가 수준 교육 과정은 또다시 실패할 것이다. 국가 수준 교육 과정이 있다고 해도 이를 유치원에서만 실천하고 학습은 주입식으로 한다면 국가 수준 교육 과정이 없는 편이 오히려 유아들을 덜 힘들게 할 것이다. 교육 기관에서의 놀이가 학습으로 연결될 수 있도록 하려면 교사들은 정말 많은 공부와 노력이 필요하다. 이렇듯 유아 교육은 교사의 높은 역량이 요구되는 어려운 수업이라는 인식이 늘고 있기에 유아 교사의 자격 기준을 점점 높게 요구하고 있다.

이는 2021년 5월 20일의 기록이다.

4. 유아기부터 미래 교육을 준비하자

　　우리 유아들이 대학에 입학하는 시기는 13년~15년 이후이다. 아직 멀었기 때문에 미리 고민하지 않아도 되는지 혹은 지금부터 준비해야 하는지 감이 오지 않는 부모들도 있을 것이다. 결론부터 말하자면 좋은 결과를 기대하기 위해서는 지금부터 준비해야 한다. 유아들에게 공부를 강조하지 않는 내가 이런 이야기를 하면 이상하게 느껴질지도 모르지만, 이는 나의 진심이다. 물론 꼭 모두가 대학을 가야 한다는 뜻은 아니다. 우리 유아들이 자라서 자신의 삶을 꾸려 갈 시기가 되었을 때, 자신의 역량을 발휘할 수 있는 기반을 다져 주는 것이 유아들을 책임지고 있는 교사와 양육자의 의무라고 생각한다.

　　'자식은 뜻대로 되지 않는다.'라는 이야기를 어른들에게 많이 들어 보았을 것이다. 물론 그렇다. 한 사람이 세상에 태어나는 순간, 누구의 소유도 아니며 누구에 의해서 조종되어서도 안 되는 인권을 가진다. 그러나 스스로 판단하고 행동할 수 있는 시기가 될 때까지 배워야 할 것이 많은 인간의 특성 때문에 '미성년자' 시기를 법으로 규정하였고, 그 기간에는 보호자가 관심을 가지고 모든 책임을 져야 한다.

　　이 글을 통해서 미성년자 시기에 접하는 환경과 주위 사람의 기대에 따라서 인생의 방향이 달라진다는 사실을 다시 한번 환기하는 계기가 되길 바란다. 이 시대, 이 나라, 이 사회의 보편적 인식은 괜찮은 대학에 가는 것을 인생 성공의 시작점으로 생각한다. 삶의 목표는 아니라 하더라도 누구나 좋은 조건으로 수월한 인생의 시작을 원하기 때문에 우리는 많은 대가를 치른다. 비단 우리나라만의 현상은 아니지만, 우리가 더 혹독하게 느끼는 이유는 개인이 아닌 가문, 가정을 공동체로 받아들이는 문화적 독특함도 작용하는 것 같다. 좋은 학벌이 곧 성공이라는 믿음을 깨뜨릴 만한 대안이 없다는 점과 내 자녀의 대학을 가족 모두의 성적표처럼 생각하는 점 때문에 대학의 순위를 매기며 모두 이 경쟁에 뛰어들고 있다. 나 역시 이 모든 것을 부정할 근거가 없다.

그동안 나는 여러 연구 결과와 학자들의 이론 등을 중심으로 유아기에 단순하게 지식을 암기하도록 하거나 형식적인 공부를 시키면, 자발적으로 학습하는 능력이 떨어져서 학문적 성과를 기대하기 어렵다는 이야기를 여러 번 강조했었다. 나는 이론과 현장 경험을 통해서 이를 확신하지만, 학부모들이 얼마나 공감할지 의문이 들었다. 내 설명보다는 우리나라 대학 입시 최전선에서 인정을 받는 유명한 일타 강사들의 이야기에 많은 사람이 공감할 거라 생각했다. 일타 강사가 될 정도의 사람이라면 공부에 대한 자신만의 논리가 있을 것이기에 그들의 강연을 찾아보았다.

국어, 수학, 과학, 영어 강사들 모두 스스로 사고하는 능력의 중요성과 이를 뒷받침하는 문해력, 이해력을 강조하였다. 그중의 한 수학 강사는 공식을 암기해서 대입할 수 있으면 수능에서 7문항 정도를 제외하고는 풀 수 있지만, 그 이상은 불가능하다고 했다. 그 이상의 학업 성취를 이루려면 스스로 생각해서 공식을 설명할 수 있는 수준이 되어야 한다는 것이다. 이는 하루아침에 할 수 없으니 만점을 맞고 싶다면 아주 기초부터 다시 시작하는 것이 오히려 가능성이 있다는 것이다. 이는 유아기에 스스로 사고하는 능력을 갖춰야 한다는 나의 신념과 일치했다.

자칭 입시 전문가라고 하는 강사의 강의 시리즈 10편을 보았다. 그는 유아기부터 입시를 준비해야 한다고 주장했다. 그의 강의를 처음부터 혹은 끝까지 보지 않은 채 제목만 보고, 유아기부터 학원을 보내야 한다거나 혹은 모든 과목 학습지를 섭렵해야 한다는 내용일 것이라 짐작할 수 있다. 그러나 그 강사 역시 강의에서 유아기부터 중학교까지는 공부할 수 있는 역량을 키워 주는 것이 중요하다고 강조한다. 그 강사는 나와 같은 학문을 한 것은 아니지만 시대를 읽고 입시를 준비하는 자신만의 경험을 권유했는데, 이 점이 나의 신념에 더 많은 확신을 주었다.

결론은 유아기부터 중학교까지는 다른 것은 잘하지 못해도 좋으니 많은 글을 접하고 책에 재미를 느끼도록 하는 것이 대학 입시 준비라는 것이다. 정말 공감한다. 이 지면에서 모든 과목을 어떻게 해야 하는지 설명하는 것은 어렵지만 일단 공통된 전략은 '책을 좋아하게 만들어 주는 것'이다. 그러려면 전략이 필요하다. 짧은 글을 읽거나 빠른 화면 전환은 절대 가까이하면 안 된다. 그렇게 짧은 글만 접하면 긴 글을 읽는 능력과는 거리가 멀어진다.

책을 좋아하게 하려면 빠르고, 재미있고, 직관적인 기계를 멀리해야 한다. 유아들이 독서를 잘하려면 부모가 많이 읽어 주어야 한다. 기계가 읽어 주는 것은 전혀 도움이 안 된다. 부모의 게으름, 혹시 하는 요행심(僥倖心), 스스로가 전문가라는 자만심, 장사꾼의 상술에 넘어가는 나약한 부모의 마음 때문에 아이는 스스로 공부할 수 없는 사람으로 자라게 된다.

이는 2022년 8월 12일의 기록이다.

5. 국제 바칼로레아(IB) 교육이
　　　3세부터 인증하는 이유

　　외국인들이 다니는 국제 학교, 충남의 삼성 고등학교, 대구교육청, 제주교육청이 진행하고 있는 국제 바칼로레아(International Baccalaureate_이하 IB) 교육이 서서히 알려지고 있다. 얼마 전 우리 유치원도 국제 바칼로레아 본부(International Baccalaureate Organization_이하 IB본부)에 Primary Years Program(유·초등학교_이하 PYP) 과정 신청서를 제출했다. 그동안 나는 외국의 유아 교육 프로그램 이름을 달고 있는 교육 기관들을 비판했었다. 유아 교육 과정과 프로그램 강의 때마다 이미 알려진 프로그램의 장단점을 비교했고, 거의 모든 교재에서 프로그램들의 한계를 밝히고 있는데 이를 그대로 따라 한다고 광고하는 것은 옳지 않다는 것이 내 주장이다. 이미 진행된 외국의 유명한 프로그램이라면 그가 가진 강점과 철학을 연구하고, 각각의 유치원이 자신만의 프로그램으로 만들어야 한다. 그런 내가 IB교육을 신청한 이유는 이곳이 하나의 프로그램이 아니라 세계적인 인식과 철학을 공유하기 때문이다.

꾸준히 강조한 것처럼 유아기의 교육은 미래의 환경을 만들어 주는 교육이다. 교육의 결과는 누적성을 가진다. 모두 이를 잘못 이해해 선행 학습이 성행하는 것이다. 어느 날 갑자기 문해력이 높아지고, 어느 날 갑자기 10쪽이 넘는 글을 논리적으로 써 낼 수는 없기에 IB교육이라는 대입 인증 제도에 PYP라는 과정이 생긴 것이다. 그런데 떠다니는 글들을 검색하니 'IB대학 입시는 2년만 잘하면 되는 것이므로 PYP 과정은 필요 없다.', 'PYP 과정은 책이나 읽으라고 하니 무시해도 된다.'는 식의 글이 있었다. 나는 이런 글에 절대 동의할 수 없다. 유아기에 이미 주입식 교육만 받은 사람이라면 높은 성취를 이룰 수 없는 것이 IB교육 점수이다. 단편적으로 생각하면 대입 2년 전부터 인증된 학교에서 공부하고 과제와 수업을 준비하는 것이 맞다. 그러나 자신이 쌓아 온 독서량과 사고량 없이 대응하면 높은 성취를 내기 어렵다.

나아가 내가 PYP 과정에 동의하는 이유는 우리 유치원에서 추구하는 교육 철학과 많은 부분을 함께하기 때문이다. IB본부에서는 "PYP는 평생 여행의 시작점이다. 3세에서 12세 사이의 어린이들이 자신의 학습에 능동적으로 참여할 수 있도록 배려하고 다양한 문화를 인식하는 성향을 기른다."라고 소개하고 있다. IB교육은 1968년에 시작했고, PYP 과정은 올해 25주년을 맞았다. IB본부에서 제시하는 학습자상을 간단하게 정리하면 아래와 같다.

- 인간과 인권에 대한 높은 의식 수준을 갖는다.
- 다른 의견을 경청하여 효과적인 협력을 할 수 있다.

- 성실하고 정직하며 공정성을 가지고 행동한다.
- 자문화(自文化)에 대한 인식을 바르게 하고 문화 상대적인 태도를 갖는다.
- 인류와 자신에게 도움이 되는 인류애를 갖는다.
- 문제 상황에서 윤리적이고 합리적인 결정을 한다.
- 호기심을 갖고 탐구하는 능력을 기른다.
- 학습에 대한 열의와 애정을 갖는다.
- 지역과 세계를 보는 관점, 전통의 가치를 안다.

이런 의식은 주입식 교육이나 시험으로 해결할 수 있는 것이 아니다. 인격이 형성되는 시기에 일상에서 자신의 생각을 바꿀 수 있는 교육 환경이 필요한 것이다.

우리 유치원의 IB교육 학교 선정 과정[21]이 오래 걸린다고 해도 상관없다. 이미 우리 유치원은 이 가치에 부합하는 학습자상을 가지고 있으며, 우리 유치원 졸업생은 주입식 선다형 시험에 노출되지 않고 충분한 독서량만 확보한다면 이후의 어떤 교육 제도도 훌륭하게 소화할 것이다.

우리나라에서 가장 많은 학생이 있는 곳이 경기도이다. 경기도가 공교육을 시행 중인 200개 학교에 대해 IB교육을 신청한다는 소식에 우려의 목소리도 많다. "교육 사대주의이다. 외화가 유출된다. 국가 수준 교육 과정이 흔들린다. 우리나라 대입 제도와 맞지 않다. 교사들의 적응이 우려된다. 공교육의 혼란이 올 것이다." 이렇게 일목요연하게 반박하는 한 교수의 인터뷰 내용을 들었다. 내가 아는 그는 정작 공교육 교사로 있을 때부터 본인의 자녀는 국공립에 보내지 않았다. 그래서 이런 반박이 반대를 위한 반대, 공교육을 무척 아끼는 시늉으로 보인다.

　그러나 이런 우려가 터무니없는 것은 아니다. 나도 공교육에서 어설프게 IB교육을 실행한다면 학생들만 멍들 수 있다고 생각한다. IB대학 입시는 2년간 6가지 과목을 자신의 진로와 연결해서 깊이 있고 주도적으로 준비해야 하기 때문에 그 전에 자신의 진로를 결정할 수 있어야 한다. 자신의 진로를 결정하는 것은 주입식이거나 사고할 기회가 없는 환경에서는 어렵기에, PYP 과정과 MYP(Middle Years Program, 중등학교) 과정을 추가적으로 채택하는 것이다.

이는 2023년 7월 29일의 기록이다.

6. 세계 최고 유치원을 꿈꾸다가 IB교육 유치원으로

　유치원 개원을 준비하던 처음부터 내가 꿈꾸는 유치원은 세계 최고의 유치원이었다. 세계 최고라는 용어에 적잖이 거부감이 있을지도 모른다. 무슨 세계 최고냐고, 혹은 교만한 것 아니냐고 생각할 수도 있을 것이다.

　그러나 내가 생각하는 세계 최고는 상대적 가치를 뜻하는 것이 아니다. 절대적 기준으로 유아 발달에 얼마나 적합한지, 유아들이 행복한지, 유아들의 미래를 대비하는지, 이 세 가지 기준에 비추어 거리낌이 없이 운영한다는 각오로 세계 최고라고 하는 것이다.

그동안 우리나라는 경쟁만이 살길이라고 생각하면서 교육이 파행으로 치달았다. 덕분에 행복하고 정의로운 나라와는 거리가 멀어졌다. 한 사람 한 사람이 행복하고 정의로울 때 그 나라의 행복 지수, 공정 지수도 올라가는데 지금 우리 상황과는 거리가 멀다.

나는 우리 유아들이 행복하고 정의롭게 살기를 바란다. 이 원칙을 지키고자 학부모들과 주위 사람들을 불편하게도 했지만, 우리 유아들이 남다르게 성장하는 모습을 보면 행복했다. 나는 의사결정자로 순간순간 옳은 선택을 하기 위해 긴장하며 지냈다. 앞으로도 그렇겠지만 우리 유치원은 최신의 연구를 바탕으로 끊임없이 진화할 것이다. 그리고 유아들에게는 자타 공인 세계 최고의 유치원이 되려고 노력할 것이다.

아래는 졸업생들과 현재 재학생들 부모들을 대상으로 한 설문의 결과표이다.

구분	집단	인원(명)	인식 평균	표준 편차	T분포	유의도
초등학교 적응에 대한 인식	재학생	182	4.81	.51	1.85	.66
	졸업생	59	4.95	.49		

열심히 놀이한 덕분에 우리 유아들이 초등학교에 가서도 씩씩하게 잘 어울려서 생활하고 있음을 알게 되어 정말 다행이다. 졸업생과 재학생 부모들이 생각하는 자녀의 초등학교 적응에 대한 신뢰도가 통계적으로 유의한 차이가 있다는 것을 전제로 시작한 연구 조사였다. 그런데 졸업생과 재학생 부모의 인식이 통계적으로 유의한 차이가 없

었으며, 모두 초등학교 이후에 대한 걱정이 없는 것으로 분석되었다. 처음 연구 의도는 빗나갔지만 이제 재학생 부모들도 걱정이 없는 듯하여 기쁘다.

이는 2017년 12월의 교육 이야기이다.

　그동안 어떤 생각으로 어떻게 달려와서 국내 유치원 최초로 IB교육 후보 학교가 되었는지 돌아보고 싶어서 지난 자료들을 보았다. 내가 쓴 글이지만 오랜 시간이 지나서 새롭게 느껴졌다.

　그런데 8년이 지난 지금도 부모들과 사회의 인식은 크게 바뀌지 않았다는 것을 이번 교육설명회 때 우리 유치원에 입학을 희망하는 부모들의 질문을 통해서 느꼈다. 더 많은 노력이 필요하다고 생각했다. IB교육 연수를 받을 때, 다른 나라 학교장들은 부모들을 설득하는 것을 어렵게 생각했지만 나는 어느 정도 자신이 있었는데, 아직도 교육에 대한 부모들의 의식 변화가 필요함을 절실하게 느낀다. 가장 먼저 바꿔야 할 생각은 교육과 시험을 혼동하는 것이다. 근현대사의 학교는 교육의 기능보다 선발의 기능이 강조되었다. 풀어서 말하자면 넘쳐 나는 인구 중에서 적절한 능력을 갖춘 사람을 뽑아서 활용하는 것이 교육의 기능이라는 사회적 인식이 팽배했다. 뽑히지 못한 사람에 대한 배려는 없었고, 뽑힌 사람들도 암기된 지식 외에 행복이나 미래에 관한 관심은 없었다.

　사람을 자원이라고 생각하던 시대에는 교육부의 명칭이 '교육인적자원부'였고 나도 별로 거부감이 없었다. 그 이후 교육 연구를 하면서 사회적 의식이 교육을 움직이고, 교육의 방법이 사회를 지배한다는 사실을 알게 되면서 그것이 얼마나 무서운 사회적 인식인지 깨달았다. 공부가 시험을 잘 보기 위한 것이라 생각하면 교육의 기능은 선발에 그친다. 선발 교육에서 정점을 찍는 것이 상대 평가이다. 1등부터 꼴등까지 줄 세우는 것은 모든 학습자가 협동할 수 없는 구조이다. 이런 공부는 사회성과 정서, 인지를 포함한 그 어느 분야의 건강한 발달에도 도움이 되지 않는다.

"숲유치원에 다니면 학교에서 적응을 못 하고 자리에 가만히 앉아 있지 못한다던데 사실인가요?"라고 묻는 부모들은 잘못된 교육 기관 혹은 교육 기관도 아닌 곳의 정보를 들었을 것이다. 절대 일반화하면 안 되는 것을 일반화해서 질문한다면 대답을 할 수가 없다. 그리고 학교가 참고 앉아서 설명을 들어야 하는 곳이라고 생각하고 있다면, 놀면서 학습하고 개개인의 특성을 고려하는 교육에 대해서 이해하기 어려울 것이다.

IB교육에서 가장 강조하는 것은 학습자의 발전과 행복이다. 각각의 학습자가 행복을 추구하고 인류를 생각하는 글로벌 마인드(global mind)[22]를 가져야 함을 강조한다. 우리 유치원이 국내 최초로 IB교육 PYP 과정 후보 학교가 된 것은 이 시대가 요구하는 교육 철학에 맞추어 발전했기 때문이다.

이는 2023년 11월 6일의 기록이다.

유치원을 고를 때 숲유치원은?

그동안 유아 교육의 발전에 기여한 많은 학자들이 있다. 루소 (Jean-Jacques Rousseau), 페스탈로치(Johann Heinrich Pestalozzi), 몬테소리(Maria Tecla Artemisia Montessori) 등의 학자는 널리 알려진 만큼 교육 현장 외에서도 여기저기에서 이름을 인용한다. 전공자들이 아닌데 어떻게 이렇게 많이 알고 있는지 신기할 정도인데 상품이나 프로그램의 이름에 쓰였기 때문일 것이다. 우리가 유행처럼 좋아했던 레지오 에밀리아 접근법[23]이나, 발도로프 교육[24]과 같은 이론들이 있었기에 유아 교육은 그 중요성이 알려지고 100년도 안 되는 역사에서 비약적인 발전을 보였다. 그러나 부모들이 유아 교육 기관을 선택할 때에는 이런 철학을 기반으로 할 것인지, 이를 넘어서 현대 교육 이론과 연구 결과에 기반한 교육 과정을 선택할지 결정할 필요가 있다.

아무리 좋은 외국 교육 프로그램도 시대와 문화, 사회에 맞추지 않고 그대로 적용하는 것은 의미가 없다. 범국가적인 자료를 수집하고 연구하는 단체[25]들은 모두가 질 높은 교육을 받을 권리를 위해서 일정 수준 이상의 시설과 교사의 자격을 강조하므로 유아 교육 기관을 선택할 때 이러한 내용을 참고해야 할 것이다. 우리나라는 더 이상 외국 프로그램을 그대로 따라가야 할 만큼 연구가 부족한 나라가 아니다. 앞서 설명한 것처럼 이전의 철학에만 매몰되어 오히려 유아 교육 이론의 발전이 없는 국가도 있음을 상기할 필요가 있다.

나의 '숲속 유아 교육' 연구는 궁금증에서 시작되었다. 우리나라에도 숲에서 활동하는 다양한 형태의 숲속 교육이 이루어지고 있다. 숲은 정말 훌륭한 교육의 장소이며 소재이므로 숲에서 가장 효과적인 교육은 무엇인지 해답을 찾고 싶었다. 숲을 활용한 교육이 무조건 좋다는 식의 당위적 주장을 하거나 숲에는 위험 요소가 많으니 배제해야 한다는 식의 생각은 위험하다고 본다. 숲속 교육과 유아 교육 과정에 대해 수집한 국내외 자료와 재외 교수님과의 공동 연구를 바탕으로 7편의 연구물이 나왔고, 이제야 숲속 유아 교육에 대한 내 나름의 확신이 생겼다. 이를 바탕으로 숲속 교육에 관심이 있는 부모들이 궁금해하는 점을 중심으로 정리하고자 한다.

1. '숲유치원'은 무엇인가?

우리나라에서는 숲속에서의 유아 교육을 흔히 '숲유치원'이라고 칭한다. 그러나 용어의 사용에 있어서 사회, 문화, 법령상의 개관이 필요하다. 우리나라에서 유아 교육 기관으로 인정하여 교육비를 지원하는 기관에는 유아교육법[26]에 의한 유치원과 영유아보육법[27]에 의한 어린이집이 있다. 유아교육법에서는 유치원의 시설 기준을 정하고 있으며 '고등학교 이하 각급 학교 설립 및 운영에 관한 법률'로 설립의 근거를 정하고 있다. 그리고 '유치원'이라는 명칭은 유아교육법에 근거한 교육 기관 외에는 사용을 불허하는 강제 조항으로 규정하기에 우리나라 숲속 유아 교육은 그 명칭에 있어서 정리가 필요하다. 외국의 법령과 제도는 우리나라와 다르기에 '숲유치원' 그대로 해석하여 사용하는 것은 적합하지 않을 수 있다.

우리나라에서 '숲유치원'은 유치원 인가를 받아서 그 명칭을 '숲'으로 정한 기관에 해당한다. '○○초등학교'라고 하면 초등학교 이름이 '○○'이 되는 것과 같다. 이것은 띄어쓰기와 관계없이 법령상 용어[28]이며, 강제 조항이다. (간혹 '숲유치원'의 표기를 띄어쓰기하지 않으면 고유명사가 된다고 생각하는 사람도 있어서 부연한 것임) 그래서 나는 우리 유치원의 교육 철학을 설명할 때 '숲속 유아 교육'이라는 용어를 사용한다. 이는 기관과 관계없이 모든 유아 교육을 아우르면서도 '숲'에 대한 교육이 아닌 숲속에서 숲을 활용하여 교육한다는 의미를 포함한다.

2. 숲속 유아 교육이 우리 아이들에게 주는 것은?

결론부터 밝히자면 숲에서 배우는 것은 무궁무진하다. 유아들의 교육 장소가 반드시 숲이어야 하는 것은 아니다. 그런데 왜 숲속 유아 교육은 우리 사회에서 필요한 교육의 형식을 갖추어 가고 있는 것일까? 실외 활동에는 적절한 휴식 장소가 필요한데, 숲은 휴식 장소이면서 동시에 놀이와 다양한 활동을 할 수 있는 공간이다. 유아들은 숲으로 걸어가는 동안에(신체 운동·건강) 길옆의 나뭇잎, 곤충을 관찰하며(자연 탐구) 친구들이나 선생님과 대화를(의사소통) 한다. 숲에 도착하면 올라오면서 주웠던 나뭇잎을 종류별로 분류해 보고 세어서(수) 각자 멋진 나뭇잎 그림을 그려 본다(예술 경험). 나뭇잎 그림을 나뭇가지에 전시해 놓고 서로의 그림을 보며 이야기를 나누고(사회관계) 평가를 해준다. 숲속에서 보낸 잠깐의 일상에서 누리과정의 모든 발달 영역에 해당되는 활동을 한 것이다. 그 과정에서 유아들은 어느 때보다도 창의적인 생각과 표현을 하게 된다.

3. 숲에서 자유롭게 놀기만 하면 될까?

그렇지 않다. 흔히 숲속 교육을 논할 때 많은 사람들이 "우리가 어릴 때는 자연에서 놀면서 컸어. 그게 얼마나 좋았는데."라고 말한다. 그러나 우리가 어릴 때 놀았던 경험은 교수·학습이라고 하기에는 부족한 조건이 많다. 교육학에서 생각하는 교육은 인간의 정신적·신체적 성장과 발달을 도울 수 있는 계획된 과정이다. 즉, 자연적 성장이나 우연한 학습은 목적과 가치 기준이 계획되지 않았으므로 교육이라고 생각하지 않는다. 적어도 교사가 함께하는 교육이 되려면 목표, 목적, 가치를 지향하는 계획이 있어야 한다. 그렇다고 해서 숲속에서 일방적으로 설명하는 형식의 교육을 하자는 것은 절대로 아니니 오해가 없길 바란다. 유아들이 숲에서 즐겁게 놀기 위해서 교사는 1년, 한 달, 하루의 계획과 준비를 해야 한다. 놀이가 자연스럽게 학습이 되도록 해야 한다는 것은 OECD 보고서에서도 명시하고 있는 내용이다.

4. 숲에서만 놀다가 발달이 늦어지는 건 아닐까?

내가 그동안 수집한 자료와 연구 결과로 이야기하자면 교사와 기관의 철학, 교사의 인식론적 관점에 따라서 교육 결과도 달라진다고 생각한다. 교사가 유아들의 발달에 대한 이해 부족으로 숲속 활동에 아무 역할도 할 수 없다면 나도 위 질문에 대한 답을 찾을 수가 없다. 하지만 숲속에서도 교실처럼 유아들을 관찰하고 교육 계획을 세우는 교사가 지도한다면 전혀 걱정할 필요가 없다는 것이 나의 연구결과이다. 숲속에서도 장소만 바뀌었을 뿐 누리과정에서 요구하는 거의 모든 활동을 할 수 있다. OECD가 유아 교육 연구 기반으로 만든 2012년의 보고서 Starting strong III에서도 인지 발달을 위해서는 정서, 감정의 관리가 우선되어야 한다고 권고하고 있으니, 오히려 숲속에서의 교육이 효과적이라는 게 나의 생각이다. 숲에 가면 기분이 좋아지고, 정서적 안정을 준다는 것은 유아 교육 분야가 아니라 이미 다른 학문 영역에서 충분히 밝히고 있다.

5. 교실이 없어야 숲속 교육인가?

'지붕도 없고 벽도 없는' 곳에서의 활동이 숲속 교육의 원조인 듯, 혹은 그래야만 하는 것처럼 생각하는 사람들이 있을지도 모르겠다. 하지만 숲속 교육이 우리 모두의 교육으로 자리 잡기 위해서는 실내외 활동을 모두 할 수 있는 환경을 갖춰야 한다는 게 나의 생각이다. 숲속 교육의 시작을 이해한다면, 충분히 수용할 수 있는 교실이 있는데 굳이 숲속에서만 생활해야 한다고 고집해서는 안 된다. 나는 숲속에서의 생활 못지않게 실내에서의 생활도 중요하다고 생각한다.

6. 숲속 교육은 어떤 프로그램을 하는 것일까?

숲속 교육이 시작되었다고 알려진 덴마크는 우리나라의 누리과정과 매우 흡사한 교육 과정을 가졌다. 덴마크는 교육의 기초로 언어, 표현과 방법, 자연 세계와 과학 현상, 창의력, 신체 활동, 사회적 기술, 그리고 관계와 협력을 유아기에 해야 하는 교육 내용으로 규정하고 있다. 덴마크의 숲속 교육을 들여다보면 닭을 키우는 모습, 요리하는 모습, 흙집을 쌓는 모습, 과학 실험을 하는 모습 등 교육 과정에 따른 다양한 활동을 볼 수 있다.

우리나라 유아 교육 기관에서 유아들과 숲속 교육을 한다면 보편적 교육, 시대에 적합한 교육, 발달에 적합한 교육을 해야 한다. 신체, 인지, 정서, 사회, 문화, 예술의 모든 영역을 포함한 활동을 숲속에서 할 수 있는 활동으로 바꾸어서 해야 한다고 생각한다. 즐겁게 놀이하는 과정이 배움이며, 이 배움이 학습으로 연결되도록 구성해 주는 것이 교사의 역할이다. 이것은 세계적으로 권고되는 유아 교육 동향이다. 유아가 놀이할 때 교사는 더 치밀하게 계획하고 활동을 제공하여 그 안에서 유아들에게 학습이 일어날 수 있도록 해야 한다. 숲속에서의 교육도 마찬가지이다. 아니 오히려 더 높은 조망력이 교사들에게 필요할 것이다.

7. 숲에서 교육은 어떤 교사가 해야 하나?

유아 교육은 발달 이론, 교수-학습 방법, 교육 이론의 이해, 유아들에 대해서 관찰하고 평가할 수 있는 능력을 지닌 교사가 필요하다. OECD는 2012년 유아 교육에서 질적인 보장이 없이 양적인 증가에만 힘을 기울이는 건 오히려 해악이 될 수 있다고 권고하였으니, 교육하는 장소가 어디이든 교사라면 유아들에 대한 애정과 교원 자격을 갖추어야 한다는 게 나의 생각이다. 숲속에서 활동하는 시간이 정기적, 일상적으로 이루어진다면 더욱 그러하다. 더불어 숲이라는 장소가 갖는 특성과 숲속 교육이 갖는 가치를 이해한다면 더할 나위 없이 좋은 교사일 것이다. 유아 교육 기관에서 숲속 활동을 한다면 실내보다 교사의 손이 더 많이 갈 수 있으므로, 숲의 특성을 잘 알고 있는 교사의 도움을 받는 것도 좋은 방법이다.

8. 숲은 누구나 좋아하는가?

'숲속은 누구나 좋아하는 환상적인 활동 장소'라고 말하는 강의나 글을 봤을 때, 나는 내 자신을 돌아보았다. 나는 실외 놀이를 썩 좋아하지 않는 아이였다. 특별한 이유가 있었던 것은 아닌 것 같은데 지금 생각해도 바깥에 나가서 놀기보다는 집 안이나 교실에서 노는 게 더 좋았다. 실내에서는 무엇을 하면서 놀아야 할지 잘 알고 있었는데, 바깥에서는 늘 겁이 많았던 탓에 재미있는 놀이를 찾지 못한 것이 원인이었던 것 같다.

실제 얼마 전 국제세미나에서 어떤 교사에게 "숲에 가기 싫다고 하는 아이는 어떻게 해야 할까요?"라는 질문을 받은 적이 있었다. 아마도 나와 같은 성향의 아이가 아니었을까? 이것은 추측일 뿐 관찰을 통해서 그 원인을 찾아야 할 것이다. 유아들의 기질에 따라서 처음 숲에서 해야 할 일을 찾지 못하고 재미없어 하는 유아들도 있을 것이다. 이럴 때는 교사와 부모가 유아를 꾸준히 관찰하여 원인을 찾고, 숲에서도 다른 유아들과 다르게 정적인 놀이를 할 수 있도록 배려해 주어야 한다. 유아가 숲에서의 활동에 적응이 느리더라도 당황할 필요가 없다. 그런 유아들은 처음 숲을 만날 때부터 너무 지나치게 활동적이거나 힘든 놀이를 접하지 않도록 배려한다면 차츰 좋아질 것이며, 그런 유아일수록 숲속에서의 활동이 더 필요한 유아임을 기억해야 한다. 유아 교육은 유아들의 모든 발달 영역이 고르게 일정한 방향으로 발달할 수 있도록 돕는 것이기 때문에 부족한 영역은 기회를 좀 더 주어야 한다.

9. 숲은 위험하지 않을까?

유아들이 숲에서 활동할 때 부모들이 걱정하는 점으로 벌레나 미세 먼지, 더위와 추위 등이 있다. 교사들이 숲에서 한두 명의 유아들과 활동하는 것이 아니기에 모든 사례에 대해서 대비를 할 필요가 있다. 유아들의 안전을 위해서 예방할 수 있는 것은 철저하게 예방하는 자세가 필요하다. 산에서 안전한 복장의 필요성은 어른과 마찬가지이다. 여름에는 벌레에 물리지 않도록 얇은 긴소매와 긴바지를 입어야 하며, 등산화는 사시사철 필요하다. 뜨거운 햇볕과 추위를 피할 모자와 손을 보호할 목장갑도 필요하다.

추운 날과 더운 날, 비오는 날의 정의를 어떻게 할지 생각할 필요가 있다. 체감 온도가 유아들에게 무리가 되거나 위험한 환경일 때 위험을 무릅쓰고 숲으로 갈 필요는 없다는 것이 나의 생각이다. 교육 기관이라면, 그것도 정규 교육 기관이라면 유아들의 안전과 적절한 보호가 전제되어야 한다. 교육은 군사 훈련이나, 산악 훈련, 환경운동이 아니다. 춥지 않은 계절에 위험하지 않을 만큼 비가 오거나, 눈이 내린 후 햇살이 비추는 눈나라에서 즐겁게 계절을 만끽할 수 있다면 그것으로 충분할 것이다.

10. 매일 같은 숲에서 활동해도 좋을까?

그렇다. 같은 숲에서 1년 사계절을 보내는 건 숲속 교육만 줄 수 있는 학습적으로나 정서적으로 뛰어난 강점이다. 예를 들어, 학기 초에 자신의 나무를 정해서 매일 관찰한다고 하자. 유아는 매일 조금씩 달라지는 나무를 보게 될 것이다. 새싹이 돋고, 잎이 무성해지고, 색이 달라지고, 잎이 떨어지고, 그 위에 눈이 쌓인 모습을 모두 볼 수 있다(아마도 낙엽이 지는 활엽수여야 하겠지만). 날씨에 따라 비가 오거나, 햇빛이 강한 날 숲의 느낌이 전혀 다르다는 것을 알게 될 것이다. 냄새도 다르고, 공기도 다르고, 내가 놀면서 밟는 땅바닥의 느낌도 다를 것이다. 숲은 물론 자주 갈 수 있는 바닷가가 있다면 그 느낌 또한 다를 것이다. 강가의 느낌, 들판의 느낌을 모두 경험할 수 있다면 더 좋겠다.

이때에도 교사의 역할은 매우 중요하다. 유아들이 생각하고 만져 보고 표현할 수 있도록 적절한 기회를 주는 것이 바로 '선생님'이다. 그리고 유아들과 함께 활동을 평가하고 관리하고, 유아들에 대한 관찰 자료를 잘 모아야 한다. 유아들의 발달에 대한 자료를 모으는 것에 부모의 도움을 받을 수 있다면 가정과 연계된 운영이 될 수도 있다.

숲에서 IB교육으로

**부모가 자녀에게 모든 것을 해 주어야 한다는
책임감에서 벗어나야 부모도 행복할 수 있습니다.**

저는 자녀에게 실수할 기회를 충분히 주는 것이 좋은 부모라 생각합니다. 자녀가 무언가를 빨리 해내게 하려고 부모가 종용하면 부작용만 생깁니다. 조금 미련해 보일 만큼 천천히 할 수 있는 시간과 여유를 주었을 때 결과적으로는 바른길로 갈 수 있습니다.

지금 자녀에게 행복한 유년기를 선물하는 것을 목표로 자녀가 지루해할 틈 없이 친구 같은 부모가 되기 위해 애쓰고 있는 건 아닌지요? 자녀를 좋은 대학에 보내기 위해 유아기부터 학원에 보내어 어떻게든지 지식을 주입하고 있는 건 아닌지요? 이는 모두 자녀 스스로 자신의 인생을 고민하고 계획하는 법을 터득할 기회를 주지 않는 것입니다.

행복하게 앞을 이어 가려면 유년기부터 부모의 계획하에 움직이지 않고 스스로 자신의 시간을 계획할 '심심한 시간'이 필요합니다. 자녀가 심심하다고 하면 이는 부모의 책임이 아닙니다. 부모에게는 자녀를 늘 재미있게 해야 하는 책임이 없습니다. 오히려 심심한 시간은 창의성을 만듭니다. 할 일이 없어 무엇을 할지 고민하다 책을 읽게 된다면 자녀에게 더없이 좋은 시간이 될 것입니다. 유아가 심심하다고 하거나 보챈다고 스마트 기기를 쥐어 주는 순간, 책을 읽을 확률은 낮아집니다. 책을 읽지 않으면 좋은 어른이 될 확률은 희박해집니다. 아무리 이러한 말을 해도 부모들이 여전히 대다수 사람처럼 행동하는 것은 동조 현상[29] 때문인 것 같습니다. 심리학자 솔로몬 애쉬 (Solomon Eliot Asch)의 동조 실험처럼 틀린 답인 것을 알면서도 앞사람이 모두 그렇게 답을 하니 따라가게 되는 것이라 봅니다. 그러나 대중이 늘 옳은 것은 절대 아닙니다.

부모는 친구가 아니라 길을 알려 주는 사람입니다. 아기가 아장아장 걸을 때 넘어지면 크게 다치지 않습니다. 그러나 체중이 증가하고 컸는데 자신의 몸을 가누지 못하고 아기처럼 넘어지면 크게 다칠 수 있습니다. 적절한 시기에 적절한 내용을 스스로 배울 기회를 주어야 하며, 필요할 때마다 훈육으로 가르침을 주는 것이 부모가 할 일입니다.

부모님들에게 국가의 교육 과정이 옳은 길인지 살펴 가라고 권하고 싶습니다. 교육 과정을 뜻하는 커리큘럼(Curriculum)의 라틴어 어원은 쿠레레(currere)로 '달리다.'라는 뜻입니다. 학생들의 공부를 달리는 행위로, 교육 과정은 학생들이 달리는 곳인 경주로라고 본 것입니다. 우리나라 교육에서 경주로가 잘못되어 있다면 다수의 의견대로 가야 할지 옳은 길을 골라야 할지 선택해야 합니다. 유아기(만 8년)

까지는 학습 방식을 터득하고 개발하는 것에 집중해야지, 학습 내용의 암기나 습득에 집중하는 건 옳은 길이 아닙니다. 혹시 어린이집이나 유치원, 영어 학원에서 유아들에게 지식을 주입하는 교육을 한다면 그 길 밖으로 나와야 합니다. 그리고 빨리 옳은 길을 찾아야 합니다.

어릴 때부터 자신의 할 일을 스스로 하지 않고, 자신이 해야 할 일을 걱정하지 않으면, 미래를 대비하는 연습을 할 수 없습니다. 부모가 모든 것을 해 주어야 한다는 책임감에서 벗어나, 자녀가 흔들리며 성장할 수 있는 바람직한 환경을 만들어 주기를 바랍니다. 우리 아이들이 행복하고 좋은 어른으로 성장하기를 바라며, 저 역시 우리나라에 맞는 좋은 교육 철학과 환경을 이루기 위해 달려가겠습니다.

교육학 박사 임은정

"작가는 학자이자, 숲유치원 원장으로 본인이 스스로 체험하고 관찰한 내용을 담담하게 전달한다. 유아들과 지낸 하루하루의 일상을 과학적인 접근 방법으로 관찰하고 해석하며 예제를 통해 잘 설명해 준다. 마치 독자들이 간접적으로 이 숲유치원을 경험하도록 이끈다. 대자연 속이어서 가능한 수업 예제들과 기부 음악회가 참 인상적이었다. 나도 이 유치원에 꼭 한번 가 보고 싶다."

— 박용준, 인디애나 주립대 교육학과 종신 교수

"국제 학생 교류 프로그램에 참여한 학생들은 놀라운 적응력을 보여 주었다. 이는 저자가 강조한 탄탄한 교육적 기초와 철학 덕분에 가능했다. 우리 학교의 동료들과 나는 저자의 교육관과 커리큘럼에 강한 믿음과 깊은 존경심을 가진다. 이 책을 통해 독자들은 그동안 그가 이룬 교육적 성공을 경험할 기회가 될 것이다."

— 윌리엄 오, 캐나다 브리티시 컬럼비아주 교육청 국제협약 부서장

"놀이터에서조차 흙을 밟을 일이 없는 요즘, 우리 아이들은 매일 숲유치원에서 온몸과 오감으로 자연을 느끼며 자신의 발달 수준에 맞게 배운다. 이 책이 고된 육아 전선에 뛰어든 부모들에게 새로운 희망이 될 것이다."

— 서현, 현성, 시현, 서율 어머니

"생각도 몸도 건강한 아이가 되길 바란다면 이 책을 필독서로 곁에 두길 바란다. 가장 아날로그적인 교육 방법으로 AI 시대의 교육 흐름을 앞서가는 원장님의 교육 철학에 감탄하게 될 것이다."

— 이다민 어머니

"육아에 정답이 있다면 이 책이라 말하고 싶다. 내가 꿈꾸던 유치원에서 진행하는 교육을 더 많은 부모들과 나누게 되어 기쁘다."

— 한승범 어머니

"부모의 역할에 자신이 없었다면 '나도 멋진 부모가 될 수 있다.'라는 자신감을 얻게 될 것이다."

— 조혜린 어머니

1) 내러티브 탐구: 개개인의 경험이 중요한 연구자료가 될 때 개인의 기록을 중심으로 다방면의 분석을 하는 질적 연구 방법 중 하나이다. 많은 사례를 필요한 부분만 분석하는 양적 연구와 달리 깊이 있는 내면의 이야기를 분석하고자 하는 것이 질적 연구이며 그중 하나의 방법이 기록의 축적과 분석에 의한 내러티브 연구이다.

2) 만족 지연 능력(Processes in delay of gratification): 더 큰 만족을 위해 즉각적인 즐거움이나 보상 등을 자발적으로 억제하고 통제하는 능력을 말한다.

3) 메타 인지(meta認知): 자신의 앎을 객관적으로 들여다볼 수 있는 능력이며 초인지라고도 한다. 자신이 아는 것과 모르는 것을 구분하여 스스로 문제점도 찾아내고 해결책도 찾아내는 학습 과정과 관련된 인식이다.

4) 일리노이 대학의 심리학과 연구자 퍼트리샤 스마일리(Patricia A. Smiley)와 캐럴 드웩(Carol S. Dweck)가 미국아동발달학회(Society for Research in Child Development)의 대표 저널 'Child Development'에 발표한 1994년 연구이다.

5) Hudson, L. M., Forman, E. A., & Brion-Meisels, S.(1982). Role taking as a predictor of prosocial behavior in cross-age tutors. Child Development, 53(5), Google Scholar.

6) OECD(경제협력개발기구): 경제 성장, 개발 도상국 원조, 통상 확대의 세 가지를 주요 목적으로 하여 1961년에 창설된 국제 경제 협력 기구이다.

7) 학이시습지 불역열호(學而時習之, 不亦說乎): 논어 1장에 나오는 구절로 '배우고 때때로 익히면 또한 기쁘지 아니한가?'라는 뜻이다.

8) 자조능력: 다른 사람의 도움 없이 일상의 과제를 스스로 해결하는 능력을 말한다.

9) 발문(發問): 질문을 받은 사람이 스스로 다양한 사고를 하면서 답을 찾을 수 있도록 유도하는 질문을 말한다.

10) Barnett, L. A.(1991). The playful child: measurement of disposition to play. Play Cult. 4, 51-74. Google Scholar.

11) 기부 음악회: 우리 유치원에서 코로나19 기간 2번을 제외하고 계속 이어오는 활동이다.

12) 전이 활동: 유아들의 활동이 다른 활동으로 넘어갈 때 지루하거나 혼란스러워하지 않도록 자연스럽게 이어지도록 구성한 활동이다.

13) 2021년 학교급식법의 개정으로 유치원이 학교급식법에 포함되어 200명 이상 규모는 영양사가 전담해야 하며 100명 이상 200명 이하는 2곳을 한 사람이 관리할 수 있도록 한다.

14) 임미나(2019). 핀란드의 학교 폭력 해결 과정과 정책 동향 교육. 교육정책포럼 318.

15) 2024년 법률은 점점 학생 인권을 두루 살피는 방향으로 개정되고 있는 것이 느껴진다. 학교의 장은 제1항에 따른 경미한 학교 폭력에 대하여 피해 학생 및 그 보호자가 심의위원회의 개최를 원하는 경우 피해 학

생과 가해 학생 사이의 관계 회복을 위한 프로그램(이하 "관계회복 프로그램"이라 한다.)을 권유할 수 있다. 〈신설 2023. 10. 24.〉

16) 개인이 직접 접하며 바로 영향을 받는 환경을 미시체계, 직접적이지는 않지만 바로 영향을 미치는 중간 체계, 보이지 않고 멀어 보이지만 영향을 주는 거시체계로 사회 체계를 나눌 수 있다.

17) 행동주의: 자극에 대한 반응으로 일어나는 행동에서 인간의 심리를 객관적으로 관찰하려는 입장. 미국의 심리학자 존 왓슨(John Watson)이 제창하였다. 행동주의에서는 인간을 철저히 중립적인 존재로 보면서 자극으로 대표되는 환경의 재구성 및 변화와 이에 대한 학습과정을 통해 인간의 행동을 바람직하게 변화시킬 수 있다고 보았다.

18) 자기 효능감: 심리학 용어로 자신이 어떤 일을 할 수 있다고 믿는 기대와 신념을 말한다.

19) 중앙일보 입력 2017.03.14

20) 발달과업(發達課業): 심리학에서 한 특정 문화권 또는 하위 문화권에 있는 각 아동이 발달 과정에서 반드시 이루어야 하는 과업을 뜻함.

21) IB교육 학교 선정 과정: IB교육은 관심 학교, 후보 학교를 거쳐 IB본부의 기준을 충족하면 최종 단계인 IB 월드스쿨로 인증받는다. 이 과정이 쉽지 않은데, 작가가 운영하는 유치원은 관심 학교로 선정되고 2개월 만에 후보 학교가 되었다. 지금은 IB교육 PYP(유초등과정) 월드스쿨 승인 심사를 받고 있다.

22) 글로벌 마인드(global mind): 자신의 입장에서 편향되게 생각하지 않는 독립적이고 객관적인 태도. 모순된 두 가지 성격의 세계를 받아들일 수 있는 입장이다.

23) 레지오 에밀리아 접근법(Reggio Emilia approach)은 어린이집과 초등교육에 초점을 둔 교육 철학이자 교육학이다. 레지오 에밀리아는 이탈리아의 마을 이름으로, 레지오 에밀리아 접근법은 학생 중심의 교육 과정과 관계 주도 환경에서 자발적인 체험 학습을 사용한다. 이 접근법은 탐구, 발견, 놀이를 통한 존경, 책무, 공동체의 원칙에 기반을 둔다.

24) 발도로프(Waldorfpädagogik) 교육: 20세기 초 오스트리아의 인지학자 루돌프 슈타이너(Rudolf Joseph Lorenz Steiner)가 제창한 교육 사상 및 실천으로 독일에서 시작된 대안 교육의 일종이다. 발도르프 교육의 특징은 남녀공학, 에포크 수업, 전인 교육, 성적이 없는 성적표, 교과서 없는 수업, 외국어 수업의 발달, 자치 행정 등이 있다.

25) OECD, UNESCO

26) 유아교육법 제1조, 제2조

27) 영유아보육법 제1조

28) 유아교육법 제2조, 유아교육법 제28조의2

29) 동조 현상(同調現象): 개인의 의견이나 행동을 내세우지 않고 사회적 규범 내지 다수의 의견에 동화하여 주위 사람들의 의견이나 행동에 따르는 현상을 말한다.

| 참고 자료 |

■ 참고 문헌은 인용한 것을 직접 표기하는 것이 규칙입니다. 하지만 이 책에서는 독자들의 가독성을 고려하여 참고 문헌의 표기를 생략한 경우가 많습니다. 그런 이유로 본 책에서는 작가가 찾은 국내외 참고 문헌을 함께 제시합니다. 관심이 있는 독자는 참고하기 바랍니다.

강영식, 김용숙(2012). 생명존중 숲 체험활동이 유아의 환경 감수성 변화에 미치는 영향. 열린 유아 교육 연구, 17(2), 1–18.

고민경(2008). 유아의 숲 체험에 대한 해석학적 현상학 연구. 숙명여자대학교 일반대학원 박사 학위 논문.

권영경(2012). 숲유치원 조성계획을 위한 기본설계 및 디자인 가이드라인 : 서울대학교 인근 숲을 이용하여. 서울대학교 환경대학원 석사 학위 논문.

김병극(2012). 내러티브 탐구의 존재론적, 방법론적, 인식론적 입장과 탐구과정에 대한 이해. 교육 인류학 연구. 15(3), 1–28.

김은숙(2010). 한국 최초 숲유치원 교육에 관한 연구 : 인천대학교 숲유치원을 중심으로. 인천대학교 대학원 박사 학위 논문.

김은주, 변지혜(2012). 유아 교육 기관의 '숲반'과 '일반반' 유아의 체형 분석. 열린 유아 교육연구, 17(6), 277–299.

김은주, 안세정, 송주은(2012). 저소득층 유아들의 숲유치원 경험의 의미 탐색. 幼兒敎育硏究, 32(4), 311–339.

김은희, 유준호(2012). 유아 교사가 인식하는 실외놀이의 어려움과 활성화 방안. 유아 교육학 논집, 16(4), 27.

마지순(2008). 숲 체험활동이 유아의 과학적 태도와 과학적 탐구능력에 미치는 영향. 한국 유아 체육학 회지, 9(2), 85–101.

박세원(2012). 존재론적 탐구로서의 저널 쓰기-예비교사의 자기 정체성 형성 이야기. 교육 인류학 연구, 15(1), 1–58.

박신자(2012). 숲 활동이 유아의 다중지능에 미치는 효과. 경산: 대구가톨릭대학교 대학원 박사 학위 논문.

선수민, 박영숙(2022). 만 3세 유아의 텃밭 놀이 활동이 식습관 및 자기 효능감과 사회적 유능감에 미치는 영향. 차세대융합기술학회논문지, 6(3), 513–520.

신동주(2005). 유아 교육 기관의 실외놀이 활동, 환경 평가척도 개발 및 적용 연구. 유아 교육학 논집, 9(2), 151.

신지연(2012). 표현 생활 중심의 숲유치원 교육 프로그램 개발 및 효과. 유아 교육학 논집. 16(1) 163.

신지연, 김정현, 정이정(2012). 숲유치원 접근의 유치원과 일반 유치원 유아의 기초체력 및 행복감 비교. 幼兒敎育學論集, 16(6), 5–26.

양경전(2009). 생태 미술 교육이 전도식기 아동의 인성발달에 미치는 영향. 한양대학교 대학원 박사 학위 논문.

이명환(2003a). 독일 숲유치원의 현장 상황에 관한 연구. 열린 유아 교육 연구, 8(3), 71–97.

이명환(2003b). 독일 유아 교육 기관의 다양성에 관한 연구. 미래 유아 교육학 회지, 10(4), 25–62.

이명환(2003c). 독일의 숲유치원에 관한 연구. 幼兒教育研究, 23(4), 23–49.

이명환(2012). 독일의 숲유치원과 한국의 숲유치원 비교연구. 홀리스틱 교육 연구, 16(3), 67–85.

이인원, 최기영(2007). 자유 숲 놀이에 나타난 유아의 놀이 경험. 열린 유아 교육 연구, 12(2), 273–301.

이일주, 장인영(2012). 유아 교육 연구에서 생태 교육 관련 용어 통일을 위한 기초 연구: 연구 동향 분석을 중심으로. 열린 유아 교육 연구, 17(6), 301–321.

이정희(2005). 유치원 주변 지역 나들이를 통한 유아의 경험 세계. 중앙대학교 교육대학원 석사 학위 논문.

이종헌, 이재욱(2011). 숲 체험 활동이 장애 영유아의 어휘력에 미치는 영향. 특수 아동 교육 연구, 13(2), 89–119.

임석진(2009). 철학 사전. 충북: 중원문화사.

임은정(2009). 유아 교육 기관장 역할역량 평가 척도 개발. 홀리스틱융합교육연구, 13(3), 87–108.

임은정(2009). 유아들이 적극적으로 반응하는 교사의 발문 전략. 한국유아교육·보육복지연구, 13(2), 49–70.

임은정(2010). 가정과의 연계를 위한 유아관찰 체크리스트 개발 및 분석. 어린이미디어연구, 9(1), 1–21.

임은정(2012). 유아 교사 효과─구성주의 관점을 중심으로. 성균관 대학교 대학원 박사학위 논문.

임은정(2013). 부모용 유아 스마트 기기 이용 수준 척도 개발 및 분석. 한국초등교육 24권 4호 183–201.

임은정(2013). 원장의 인식을 통한 숲속 유아 교육의 의미. 홀리스틱융합교육연구, 17(2), 61–92.

임은정(2015). 유아들의 숲 활용 바깥 놀이 적응 과정. 홀리스틱 교육 연구, 19(1), 121–149.

임은정, 곽노의(2007). 어머니들의 시각을 통한 영유아 지원 방향 모색. 한국유아교육·보육복지연구, 11(2), 47–72.

임은정, 곽노의, 신수희(2016). 유치원 교육 혁신에 대한 학부모의 인식. 한국초등교육, 27(1), 379–399.

임은정, 김수영(2011). 유아의 성별에 따른 정서 조절력 및 관련 변인들과 사회적 능력 간의 구조 관계 분석. 유아교육연구, 31(4), 5–30.

임은정, 조은샘(2014). 누리과정에 대한 교육 신념에 영향을 미치는 유아 교사의 변인 분석. 홀리스틱융합교육연구, 18(2), 95–116.

임은정, 양정호(2006). 유아 교사의 교육 신념과 교수 실제 평가척도 타당화 연구. 아동교육, 15(3), 311-325.

임은정, 이성균, 정미림(2010). 동료 유아 교사 평가 척도 개발 및 분석. 한국콘텐츠학회논문지, 10(7), 438-448.

임재택, 변지혜, 김은주(2012). 숲유치원 운영 실태 및 운영 방안에 대한 연구. 생태 유아 교육연구, 11(2) , 57-85.

임재택, 하정연, 이소영(2012). 숲 활동에서 형성되는 유아들의 관계 탐색 : 매일 숲으로 나가는 '어울림숲반'을 중심으로. 열린유아교육연구, 17(4), 119-145.

장미숙(2013). 숲 산책 활동이 영아의 어휘력과 의사소통 능력에 미치는 영향. 인천대학교 교육대학원 석사 학위 논문.

장미연, 임소영, 변지혜(2011). 국내 숲유치원 운영 현황 및 활성화 방안에 관한 연구. 열린유아교육연구, 16(1), 27-46.

정현순(2010). 2007년 개정 유치원 교육 과정에 반영된 생태 유아 교육 내용에 대한 교사의 인식. 덕성여자대학교 교육대학원 석사 학위 논문.

천경화(2013). 숲에서의 놀이가 유아의 자연 친화적 태도에 미치는 영향. 인천대학교 교육대학원 석사 학위 논문.

최서윤 글, 윤샘 그림(2009). 《공주 양말》, 화성:별똥별.

한유미(2010). 숲유치원의 해외 동향 및 국내 도입 과제. 한국영유아보육학, 60. 1-18.

황지애, 김성재(2012). 숲유치원에 대한 예비 유아 교사의 인식 및 요구 조사 - 전남지역 3년제 유아 교육과 재학생을 중심으로. 열린유아교육연구, 17(4), 99-117.

황해익, 송주연, 김미진, 유주연(2012). 숲유치원에 대한 예비 유아 교사와 유아 교사의 인식 및 요구도.

황해익, 탁정화, 김미진(2012). 유아가 인식한 생태 유아 교사 이미지 연구. 생태유아교육연구, 11(1), 95-121.

Barnett, L, A.(1990). Playfulness: definition, design, and measurement. Play Cult. 3, 319-336.

Barnett, L, A.(1991). The playful child: measurement of disposition to play. Play Cult. 4, 51-74.

Barnett, L. A.(2018). The education of playful boys: Class clowns in the classroom. Frontiers in Psychology, 1 March 2018. https://doi.org/10.3389/fpsyg.2018.0023

Beard, K. S., & Csikszentmihalyi, M.(2015). Theoretically Speaking: An Interview with Mihaly Csikszentmihalyi on Flow Theory Development and Its Usefulness in Addressing Contemporary Challenges in Education. Educational Psychology Review, 27(2), 353-364.

Blakem ore SJ.(2010) The Developing Social Brain: Implications for Education. Neuron 65:744-747.

Boyd-Wilson, B. M., Walkey, F. H., & McClure, J.(2002). Present and correct: we kid ourselves less when we live in the moment. Personality & Individual Differences, 33(5), 691.

Camara, S., de Lauzon-Guillain, B., Heude, B., Charles, M.-A., Botton, J., Plancoulaine, S., Forhan, A., Saurel-Cubizolles, M.-J., Dargent-Molina, P., & Lioret, S.(2015). Multidimensionality of the relationship between social status and dietary patterns in early childhood: longitudinal results from the French EDEN mother-child cohort. International Journal of Behavioral Nutrition & Physical Activity, 12, 1-10. https://doi-org.proxy.cau.ac.kr/10.1186/s12966-015-0285-2

Csikszentmihalyi, M., & Lebuda, I.(2017). A Window Into the Bright Side of Psychology: Interview With Mihaly Csikszentmihalyi. Europe's Journal of Psychology, 13(4), 810-821.

Education at a Glance 2002: OECD Indicators.

Ergin, Büsra; Ergin, Esra.(2017). The Predictive Power of Preschool Children's Social Behaviors on Their Play Skills. Journal of Education and Training Studies, 5(9), 140-145.

Hudson, L. M., Forman, E. A., & Brion-Meisels, S.(1982). Role Taking as a Predictor of Prosocial Behavior in Cross-Age Tutors. Child Development, 53(5), 1320-1329.

James J. Heckman. https://www.nobelprize.org/prizes/economic-sciences/2000/heckman/facts/2023.7.28.

Jill C. Katz & Ester S. Buchholz(2006) "I Did It Myself": The Necessity of Solo Play for Preschoolers, Early Child Development and Care, 155:1, 39-50, DOI: 10.1080/0030443991550104

Kamins, M. L., & Dweck, C. S.(1999). Person versus process praise and criticism: Implications for contingent self-worth and coping. Developmental Psychology, 35(3), 835-847

Kim, C. S.(2014). A Comparative Study of Toegye's Mindfulness Theory and Csikszentmihalyi's Flow Theory. Korean Public Administration History Review, 35, 285.

Lema Ardila, J. E.(2022). Mihaly Csikszentmihalyi y la creatividad con C mayúscula. Revista Académica Estesis, 12(1), 64-87.

Mischel, W.(1974). Processes in delay of gratification. Advances in Experimental Social Psychology, 7, 249-292.

Nelson EE, Lau JYF & Jarcho JM(2014) Growing Pains and Pleasures: How Emotional Learning Guides Development. Trends in Cognitive Sciences. 18: 99-108.

Peter Häfner(2002): Natur- und Waldkindergärten in Deutschland - eine Alternative zum Regelkindergarten in der vorschulischen Erziehung. Dissertation an der Universität Heidelberg.

OECD(2010). Are the New Millennium Learners Making the Grade? Technology Use and Educational Performance in PISA 2006. OECD Publishing, Paris.

OECD(2012). Starting strong III : A quality toolbox for early childhood education and care. Paris, France: OECD.

Schaffert, Sandra(2004). Der Waldkindergarten. In: Martin R. Textor (Hrsg.), Kindergartenpädagogik - Online-Handbuch. URL: http://www.kindergartenpaedagogik.de/1216.html

Shin, G.(2023). Development of Virtual Reality Music Educational Contents Based on Mihaly Csikszentmihalyi's Flow Theory. (Doctoral dissertation, Korea National University of Education Graduate School). Advisor: Min, K.

Smiley, P. A., & Dweck, C. S.(1994). Individual differences in achievement goals among young children. Child Development, 65(6), 1723-1743.

Thompson & Mumuni(2017). Unpacking Instructional Strategies of Early Childhood Teachers: Insights from Teachers' Perspectives. Educational Research and Reviews,12(24),1199-1207.

UNESCO(2011). Inernaional sandard classificaion of educaion. Moneal, Canada: UNESCO Insiue for Saisics. 27-51.

Yunhee Jang, & Hyukjun Moon. (2020). The Effect of Child's Temperament, Behavioral Inhibition and Mother's Parenting Behavior on the Response to a Child's Task Rechallenge. Korean Journal of Child Care and Education Policy (KJCCEP), 14(3).

세계를 누릴 아이들을 위한 숲유치원 이야기

숲에서 IB교육으로

임은정 지음

1판 1쇄 펴낸날 2024년 11월 1일

펴낸곳 녹색지팡이&프레스(주)

펴낸이 강경태

등록번호 제16-3459호

주소 서울시 강남구 테헤란로86길 14 윤천빌딩 6층 (우)06179

전화 (02)3450-4151

팩스 (02)3450-4010

ISBN 979-11-86552-81-0   03590